meinen Eltern

Bibliografische Information der Deutschen Nationalbibliothek: Die Deutsche Nationalbibliothek verzeichnet diese Publikation in der Deutschen Nationalbibliografie; detaillierte bibliografische Daten sind im Internet über dnb.dnb.de abrufbar.

© 2022 Karl-Herbert Darmer
Herstellung und Verlag: BoD – Books on Demand, Norderstedt

ISBN: 978-3-7557-1725-6

Die Relativität des Beobachters und die Gravitation

Inhaltsverzeichnis

Einleitung..7

1. Realität, Glaube und Wissen...14

1.1 Grundlagen..14

1.2 Die Realität des Ich...15

1.3 Die sprachliche oder die mathematische Realität................................18

1.4 Die Naturrealität...23

2. Raum und Zeit...24

2.1 Messung des Raums..24

2.2 Messen der Größe und Entfernung..26

2.3 Messen der Zeit...28

2.4 Was ist eine Sekunde?...31

2.5 Gleichzeitige Ereignisse oder Ein-Ort-Ein-Zeit-Ereignisse..................34

2.6 Gleichzeitigkeit räumlich getrennter Ereignisse.................................35

2.7 Wechsel der Beobachterposition..36

2.8 Linearität und Kausalität...37

3. Grundsätzliche Probleme der Beobachtung...38

3.1 Einfluss der Bildung auf die Interpretation einer Beobachtung.............38

3.2 Einfluss des Beobachters auf das Experiment und sein Ergebnis...........42

3.3 Die tatsächliche Beobachtung..46

3.4 Beschreibung der Beobachtung in der sprachlichen Realität................48

3.5 Schlussfolgerungen aus den formelmäßigen Darstellungen..................49

3.6 Eine besondere Schlussfolgerung:Der Weltraum expandiert.................51

3.7 Mikrowellenhintergrundstrahlung..56

3.8 Welle-Teilchen-Dualismus des Lichts...59

3.9 Radiowellen..63

3.10 Zufall, gibt es den?...64

3.11 Gleichsetzung von Beobachtungen und deren Messwerten.................66

4. Minkowskidiagramme[22]..68

4.1 Grundlegende Begriffe...68

4.2 Der Blitz nach einer Sekunde...70

4.3 Höhere als Lichtgeschwindigkeit c...78

4.4 Übertragung auf die Satellitennavigation und Universal Time Coordinated (UTC) 82

4.5 Auch ein tatsächlicher Effekt wird nicht immer gemessen...............87

4.6 Das Zwillingsparadoxon..89

5. Raum, Zeit und Raum-Zeit..95

5.1 Ihre Ausgangsbedingungen...95

5.2 Was bedeutet Rotation?..97

5.3 Rotation und Gravitationsfeld..105

5.4 Satellitennavigation und das Gravitationsfeld.......................110

5.5 Die Zeit - und was haben Uhren damit zu tun?........................121

5.6 Entwicklung der Formel zur Berechnung von m und n:..................123

5.7 Messung der Bewegung zum Gravitationsfeld...........................125

5.8 Kein Unterschied in mit Atomuhren erzielbaren Messwerten zwischen Rotation und Inertialsystemen?..131

5.9 Grundlagen für die gesuchte Uhr.....................................132

Kommentar zu Plagiaten..136

Literatur...137

Einleitung

Es gibt immer mehr Bücher in denen zunehmende Probleme der Physik beschrieben werden. Tatsächlich machbare Beobachtungen können nicht mehr in Einklang gebracht werden. Sabine Hossenfelder[13] schreibt in ihrem Buch: „... *Anders betrachtet könnte Rigidität aber auch bedeuten, dass wir in eine Sachgasse geraten sind, dass wir längst gelöste Probleme erneut überdenken und einen noch nicht eingeschlagenen Pfad suchen müssen.*"

Sind die Autoren kompetent auf dem Gebiet, können sie die Probleme deutlich machen. Es zeigt sich aber auch, dass diejenigen, die die Entscheidungen treffen sich nicht trauen die Dogmen der modernen Physik tatsächlich in Frage zu stellen. Aber ohne die Grundannahmen in Frage zu stellen, kommen wir aus der Sackgasse nicht mehr heraus. Dieses Buch ist für Menschen geschrieben die sich für Physik interessieren und bereit sind solche Dogmen aus einem anderen Blickwinkel zu betrachten.

7

Man muss das Buch nicht chronologisch lesen. Man kann sich einzelne Kapitel heraussuchen. Dies ist kein Lehrbuch. Grundlagen zur Physik und Relativitätstheorie sind eher in solchen zu finden. Ich habe hier eher im philosophischen Sinn beschrieben, welche Position der Mensch in dem uns umgebenden Universum hat und welche Konsequenzen sich daraus ergeben. Der Relativitätstheorie interessierte Leser kann auch gleich mit den Kapiteln über Minkowskidiagramme und die Methode zum Messen der Bewegung zum Gravitationsfeld anfangen. Obwohl auch ihn die Kapitel über Raum und Zeit interessieren dürften.

Einstein hat einmal gesagt, man muss die Dogmen in Frage stellen, um ihr allzu große Mach zu brechen.

Meine Lehrer haben nie wirklich etwas in Frage gestellt. Sie haben nur eine Frage gestellt, um dann Gleise auszulegen, entlang derer die Frage die vom Lehrer gewünschte Antwort erhält.

Dieses Buch geht fern ab von Gleisen auf ganz unkonventionelle Art auf diese Fragen ein. Beobachtungen werden ganz anders interpretiert und dazu werden dann auch Lösungen angeboten, ohne dabei zu viel Wert auf die Mathematik zu legen. Mit der Mathematik (siehe Kap. 1.3) lässt sich, als wäre es eine Sprache, alles darstellen was man möchte. Das führt zu Multiversen, die mathematisch alle gleichberechtigt sein mögen. In diesem Buch soll nur das uns real umgebende Universum untersucht werden. Was dabei unter „real" zu verstehen ist wird in dem Kapitel 1.4 über die Realität beschrieben.

Basis aller Ideen ist die Kausalität, Linearität und eine in sich geschlossene Logik. Der Leser soll herausgefordert sein Fehler in dieser Logik zu finden. Oder wenn er das nicht kann, die Ideen anderen ihm als kompetent erscheinenden Menschen vorzutragen.

Es werden immer mehr Phänomene entdeckt, die nicht gut oder gar nicht erklärt werden, wie die Fly-by-Anomalie [1] oder Galaxien, die für ihre Masse zu schnell rotieren. Für die Galaxien sucht man nach dunkler Materie [2][25], eine seltsame Erscheinung, die sich nirgends zeigt, außer in den Formeln. Man will die Formeln nicht verändern, also werden die tatsächlichen Beobachtungen mit Annahmen passend gemacht. Die Fachkompetenten suchen ständig weiter nach Phänomenen, die die Lücken in Formeln füllen könnten. Was inzwischen zu einer richtigen Industrie geworden ist und auch entsprechend gehütet wird. Andere, die an der Richtigkeit dieser Formeln zweifeln, haben sie meist nicht verstanden. Insbesondere die Spezielle Relativitätstheorie wird immer wieder angezweifelt. Manche konstruieren Versuche zum Widerlegen der Speziellen Relativitätstheorie. Dabei habe ich nur solche Beispiele gefunden, deren Beschreibung direkt oder verwinkelt den logischen Konsequenzen widerspricht, die sich aus den Lorentztransformationen ergeben. Ich glaube aber, dass diese die relativen Verhältnisse in dem uns umgebenden Universum korrekt beschreiben. Ich gebe den Fachkompetenten recht, dass es mühselig ist immer wieder die Fehler der Zweifler aufzudecken, insbesondere wenn diese auch noch beratungsresistent sind.

Sabine Hossenfelder schreibt an anderer Stelle: *„Auf diese letztlich fehlgeschlagenen Versuche, neue Naturgesetze zu finden, wurde enorm viel Mühe verwendet. Seit nunmehr über dreißig Jahren sind keine Fortschritte mehr in der Grundlagenphysik zu verzeichnen."* Sollte nicht die heutige Situation die Bereitschaft dazu wecken einmal grundlegende Dogmen in Frage zu stellen.

Die Frage ist: Auf welcher Basis stehen die Lorentztransformationen? Auf der Basis, dass in allen Inertialsystemen die Lichtgeschwindigkeit gleich groß **ist**, im Sinne einer Naturkonstanten aus der andere Dinge abgeleitet werden können. Oder dass die Lichtgeschwindigkeit mit Lichtuhren unter Einsteins Gleichzeitigkeitsdefinition immer konstant gemessen wird. Das ist auch auf der Basis eines realen Feldes möglich, zu dem das Bewegungsprinzip angewendet werden kann, anders als es Einstein in seiner Rede am 5. Mai 1920 an der Reichs-Universität zu Leiden ausgedrückt hat. Das wird weiter ausgeführt im Kapitel 5 über die Gravitation.

Ernst Mach hat den Bezug zum Absoluten Raum durch den Bezug auf die im Universum umliegenden Massen verändert. Auch Einstein scheute nicht dem Begriff Gravitationsäther zu verwenden, er wollte aber auf ihn den Bewegungsbegriff nicht zulassen. Das war erforderlich um die Gültigkeit der Speziellen Relativitätstheorie als Grenzfall und die Lichtgeschwindigkeit als tatsächliche Konstante zum Beobachter weiter aufrecht zu erhalten.

Auf der anderen Seite akzeptiert man die Bewegung von Gravitationswellen. Diese können sich aber nur durch ein Medium ausbreiten, zu dem sich dann auch ein Beobachter bewegen kann. Mehr dazu unter Kapitel 3.8 Welle-Teilchen-Dualismus.

Es gibt das wunderbare Messinstrument der Satellitennavigation. Hier gibt es ein bevorzugtes Ruhesystem, das gegenüber dem Sternenhimmel nicht rotiert. Hierin ist auch der Gang der Uhren eindeutig bestimmt. Geht eine Uhr B langsamer, aus Sicht eines Beobachters A zu dessen Uhr A, dann geht auch aus Sicht des Beobachters B die Uhr B langsamer. Alle Uhren bewegen sich im Rahmen der Lorentztransformation, aber im

Bezug zu einem bevorzugten Ruhesystem, so wie es Lorentz selbst gedacht hat. Ist das bei der dazu geradlinigen Bewegung wirklich anders.

Meine Fragt ist: Braucht die Allgemeinen Relativitätstheorie wirklich die Gültigkeit der absoluten Konstanz der Lichtgeschwindigkeit, oder käme sie nicht ohne diese Beschränkung viel besser mit der Erklärung der beobachtbaren Phänomene zurecht.

Ich sehe die Mathematik als eine Sprache, mit der die Natur beschrieben werden kann.[1] Sie hat aber nicht mehr mit der Natur zu tun als eine Bildbeschreibung mit dem Bild eines Malers, die nur wiedergibt, was der Autor bei der bisherigen Betrachtung des Bildes und der Untersuchung seiner Beschaffenheit festgestellt hat. Darin mögen Hinweise auf weitere Erkenntnisse enthalten sein, aber niemals etwas, was der Autor noch nicht entdeckt hat, oder seinen Ansichten völlig widerspricht. Sichere Vorhersagen über in der Bildbeschreibung noch nicht gemachte Aussagen, über die genaue Entstehung oder Beschaffenheit des Bildes lassen sich daraus nicht machen. Auch die in der Bildbeschreibung enthaltenen Hinweise müssen überprüft werden, ob sie tatsächlich so bestehen. Damit meine ich zum Beispiel eine Voraussage, dass die Analyse einer Farbe an einer noch nicht untersuchten Stelle des Bildes das gleiche Ergebnis ergeben würde.

Die Himmelsscheibe von Nebra[2] zeigt, dass man jedes Teil des Goldbesatzes untersuchen muss, um ihrer Entstehungsgeschichte näherzukommen. Die Verallgemeinerung der ersten Goldprobe auf den ganzen Goldbesatz hätte hier zu einer falschen Aussage geführt. Die Scheibe wurde mehrfach umgearbeitet, und der Goldbesatz hat an verschiedenen Stellen eine unterschiedliche Zusammensetzung des Goldes. Es waren mehrere Künstler daran beteiligt.

Beim Messen der Rotationsgeschwindigkeit der Galaxien, kann man nur feststellen, dass die formelmäßige Beschreibung und das beobachtete Phänomen der zu schnellen Rotation nicht zusammenpassen. Der Mensch neigt dazu, beim Auftreten von Unstimmigkeiten auf dem bisher Erlernten zu beharren und den Fehler woanders zu suchen. Das mag erfolgreich sein, wie bei der Pioneer-Anomalie[20], deren Lösung in einer Beobachtungslücke liegt. Die Abstrahlung von Energie ist doch asymmetrischer, als man ursprünglich angenommen hat. In diesem Fall führte

---

1   Prof. J. Behrens, Universität HH: „Mathematik als Sprache" unter www.min.uni-hamburg.de
    [13] S. 21: ... eignen sich nicht alle Disziplinen für die mathematische Modellierung – die Verwendung einer so exakten Sprache ist nicht sinnvoll, ...
    [18] S. 211: ... Man sagt auch in der Sprache der Quantentheorie, ...

2   Auf der Homepage vom Planetarium Hamburg kann man mehr dazu lesen.

nur die akribische Untersuchung aller Einzelteile und deren Interpretation zum Erfolg. Das Postulieren dunkler Materie mag das Problem der zu schnell rotierenden Galaxien lösen, ohne dass man die grundlegenden Gedanken infrage stellen muss. Aber sollte die Größenordnung dieses Problems nicht die Bereitschaft wecken, noch mal über die Grundlagen der Gravitation nachzudenken? Braucht sie wirklich das Dogma der absoluten Konstanz der Lichtgeschwindigkeit als Voraussetzung?

Ein Großteil des Buchs ist ohne Formeln geschrieben und eher für die philosophische Betrachtung der Welt gedacht, über die jeder nachdenken kann. Wer mit der Einleitung etwas anfangen kann, wird auch mit dem größten Teil des Buches neue Ideen entwickeln können. Die Kapitel mit den Minkowskidiagrammen verlangen etwas grafisches Verständnis, aber auch da kommen keine Formeln vor. Dieses Buch handelt nicht von mathematischen Ableitungen, sondern es versucht verständlich zu machen, was hinter den Formeln steckt. Mathematische Ableitungen sind wichtig, um bei Schlussfolgerungen keine logischen Fehler zu machen. Die Mathematik kann aber grundsätzlich alles darstellen. Wenn man in die Fallgesetze statt Quadrat Kubik einsetzt, werden die Formeln nicht falsch, nur sie beschreiben dann mit Sicherheit etwas anderes als das real in unserem Universum vorkommende Fallen. Um mit den Formeln arbeiten zu können, müssen Messwerte eingesetzt werden. Wenn unsere Vorstellung von der Verknüpfung der Messwerte mit diesen Formeln falsch ist, werden wir mit den Formelableitungen auch nur diesen Fehler logisch korrekt weitertragen. Wir werden den Fehler als solchen nicht aufdecken können. Um das zu verdeutlichen möchte ich hier doch eine Formel darstellen:

$2 + 2 = 3 + 1 = 4$, wohl eine mathematisch unproblematisch zu lösende Aufgabe. Bei den Problemen der heutigen Physik, die ich ansprechen möchte, geht es nicht um die mathematische Verarbeitung. Es geht um Messwerte, wie sie erlangt werden und was hinter ihnen steckt. Symbolisch für dieses Problem möchte ich die Frage stellen:

Sind 2 Äpfel + 2 Birnen = 3 Apfelsinen + 1 Zitrone? So sehr wir uns bemühen, werden wir dieses Problem mathematisch nicht lösen können. Die Frage ist, was sind Äpfel und Birnen? Im Deutschen heißt es so schön "Äpfel mit Birnen vergleichen". Im vorliegenden Fall ist es wohl offensichtlich so, dass Dinge gleichgesetzt werden, die nicht gleich sind. Aber wenn wir in den Bereich der Relativitätstheorie vordringen, haben wir es mit dem Vergleich von 1 m und 1 s, die A misst, und 1 m und 1 s, die B misst, zu tun. Hier lautet die Frage: Ist 1 m = 1 m und 1 s = 1 s.

Hier ist viel schwieriger zu erkennen, ob Äpfel mit Birnen verglichen werden.

Die Spezielle Relativitätstheorie ist unzweifelhaft korrekt. Wer daran zweifelt, hat sie noch nicht richtig verstanden. Die Frage ist, ob die dazu gemachten und unabdingbar erforderlichen Annahmen (Einsteins Postulate) tatsächlich auf die Realität des uns umgebenden Universums zutreffen? Für meine Ideen werden keine neuen Formeln gebraucht, weil ich davon ausgehe, dass die relativen Verhältnisse durch die Lorentztransformationen oder die Maxwell-Lorentzschen Gleichungen korrekt beschrieben werden. Und auch die Formeln der allgemeinen Relativitätstheorie sind in der Zuordnung der Messwerte richtig.

Nur die Interpretation müsste sich ändern. Zum Beispiel, auf welcher Grundlage man die Messwerte für Meter und Sekunde erzielt und wie sich die dazu nötigen Messinstrumente während des gesamten und zu vergleichenden Messvorgangs verhalten.

Dazu möchte ich ein Zitat aus der Rede Einsteins machen, gehalten am 5. Mai 1920 an der Reichs-Universität zu Leiden: *"Zusammenfassend können wir sagen: Nach der allgemeinen Relativitätstheorie ist der Raum mit physikalischen Qualitäten ausgestattet; es existiert also in diesem Sinne ein Äther. Gemäß der Allgemeinen Relativitätstheorie ist ein Raum ohne Äther undenkbar; denn in einem solchen gäbe es nicht nur keine Lichtfortpflanzung, sondern auch keine Existenzmöglichkeit von Maßstäben und Uhren, also auch keine räumlich-zeitlichen Entfernungen im Sinne der Physik. Dieser Äther darf aber nicht mit der für ponderable Medien charakteristischen Eigenschaft ausgestattet gedacht werden, aus durch die Zeit verfolgbaren Teilen zu bestehen; der Bewegungsbegriff darf auf ihn nicht angewendet werden."*

Oft ist aber gerade das, was man theoretisch nicht machen darf, praktisch möglich. Heute sagt man: Immer wenn die Gravitation ins Spiel kommt, gilt die Spezielle Relativitätstheorie nicht. Kann es daran liegen, dass unbemerkt beim Übergang von der Speziellen Relativitätstheorie zur Allgemeinen Relativitätstheorie doch wieder ein reales Feld eingeführt wurde, auf das der Bewegungsbegriff angewendet werden kann? Manche beschreiben die Wirkung der Gravitation mit einer **Gummimatte**, in der unterschiedlich große Massen unterschiedlich tiefe Krater bilden, wodurch die Bewegung von über die Matte rollenden kleinen Massen abgelenkt wird. In die Gummimatte kann man Nadeln stecken und egal wie die Kugeln rollen, bleiben sie an derselben Stelle stecken. Diese Gummimatte stellt geradezu ein Feld dar, auf das der Bewegungsbegriff angewendet werden kann, sowohl für die Rotation, als auch für die lineare Bewegung.

Im Folgenden stelle ich zunächst die grundsätzliche Position eines Beobachters dar. Was ist für ihn Realität? Was ist Raum und Zeit? Im Weiteren stelle ich an einigen Punkten dar, warum die bisherige Beschreibung der Gravitation Fragen offen lässt und die Mikrowellenhintergrundstrahlung keine wirkliche Hilfe ist bei der Klärung der Frage, ob das Bewegungsprinzip auf das Gravitationsfeld angewendet werden kann. Dann habe ich doch noch ein Kapitel ergänzt mit Formeln. Diese Formeln muss man nicht verstehen, man kann die Formeln auch überspringen und nur den Text lesen, um den Sinn zu verstehen. In diesem Kapitel beschreibe ich eine Methode mit der man die Bewegung zum Gravitationsfeld messen kann. Die dazu erforderliche Uhr fehlt mir noch, aber es wird auch beschrieben wie man sie gegebenenfalls finden könnte.

Im Kapitel 4 werden Probleme der Relativitätstheorie anhand von Minkowskidiagrammen erklärt, wie das Zwillingsparadoxon Kap. 4.6 oder die Frage: Wie sehen zwei gegeneinander bewegte Beobachter einen Blitz nach einer Sekunde, den sie bei ihrer Begegnung abgegeben haben. Kap. 4.2 Mit etwas grafischem Verständnis wird man das auch gut verstehen können.

Sollte der Leser mit Begriffen wie Michelson-Morley-Experiment, Sagnac-Effekt, Schrödingers Katze oder dem Doppelspaltversuch Probleme haben, kann er die bei Wikipedia nachlesen. In diesem Buch würden die Erklärungen nur vom eigentlichen Thema ablenken und ich könnte es nicht besser erklären, als es bei Wikipedia gemacht wird.

Für mich sind die genialsten Denker Darwin und Einstein. Sie sind nicht blind ihren Lehrern gefolgt und haben die Dogmen übernommen, die zu der Zeit galten, als sie aufgewachsen sind.

Es gibt viele geniale Denker, die erstaunliches entwickelt haben. Diese haben aber meist nur bestehendes weiterentwickelt, oder neu zusammengesetzt. Oder sie haben ganz neue Entdeckungen, über die der Rest der Welt noch gar nicht nachgedacht hat, in verständliche und mitteilbare Formen gebracht. Darwin und Einstein haben die Dogmen ihrer Zeit in Frage gestellt und daraus ganz neue Prinzipien entwickelt, deren Anwendungsbereich sich erst langsam erweiterte.

Vor allem Einstein ist aber stets weiter kritisch mit seinen eigenen Ideen umgegangen, ob diese so auch weiter zu den neuen Erkenntnissen passen. Dazu möchte ich zwei Aussagen Einsteins zitieren:

„Das, wobei unsere Berechnungen versagen, nennen wir Zufall."

Und aus einer Antwort die er an M. Solovine 1949 schrieb:

„Ich bin ganz gerührt über Ihren herzlichen Brief, der so sehr absticht von den anderen unzähligen Briefen, die bei dieser unseligen Gelegenheit auf mich niedergeprasselt sind. Sie stellen es sich so vor, dass ich mit stiller Befriedigung auf mein Lebenswerk zurückschaue. Aber es ist ganz anders von der Nähe gesehen. Da ist kein einziger Begriff, von dem ich überzeugt wäre, dass er standhalten wird, und fühle mich unsicher, ob ich überhaupt auf dem rechten Wege bin. Die Zeitgenossen aber sehen in mir zugleich einen Ketzer und Reaktionär, der sich selber sozusagen überlebt hat. Das hat allerdings mit Mode und Kurzsichtigkeit zu schaffen, aber das Gefühl der Unzulänglichkeit kommt von innen. Nun --- es kann wohl nicht anders sein, wenn man kritisch und ehrlich ist, und Humor und Bescheidung halten einen im Gleichgewicht, den äußeren Einwirkungen zum Trotz.“

1. Realität, Glaube und Wissen

1.1 Grundlagen

Die Philosophie bietet ein riesiges Spektrum an Gedanken zu diesem Thema. Ich möchte mich auf die beschränken, die in diesem Zusammenhang wichtig sind und die ich als gegeben ansehe. Es ist wichtig, sich bei seinen Gedanken klar zu machen, von welchen Grundgedanken und Grundannahmen man ausgeht. In dem Moment, in dem man etwas als gegeben annimmt, schließt man Ergebnisse aus, die damit logisch nicht vereinbar sind.

Ich glaube, dass ich ein Teil des uns real umgebenden Universums bin, und mein Ziel ist es, dieses uns umgebende Universum zu erforschen. Das Universum, das schon existiert hat, bevor sich Menschen darüber Gedanken gemacht haben und das noch weiter existieren wird, wenn der Mensch ausgestorben sein sollte und sich keiner mehr Gedanken darüber macht. Aber da sind schon die Fragen:

- Wer bin ich?
- Ist dieses Universum real?
- Und was bedeutet es, dass ich mir darüber Gedanken mache?
   Ich teile die Realität in drei Bereiche ein.

14

1.2 Die Realität des Ich

Die eine Realität steht im Zentrum: Die Realität des Menschen. Diese gipfelt im Satz: "Ich denke, also bin ich."[3] Aber bin ich das einzige denkende Wesen? Wer den Film "Matrix" kennt, dem könnte es eine Hilfe sein, die Frage besser zu verstehen. In dem Film leben die Menschen nur konserviert und angeschlossen an einen Computer in einer Scheinwelt, aber noch alles einzelne Individuen. Aus meiner persönlichen Sicht gibt es aber noch die Frage: Gibt es außer mir überhaupt ein anderes denkendes Wesen? Gibt es mich gar nicht als Mensch, gibt es möglicherweise gar keine Menschen, und ist das Universum überhaupt existent, das ich glaube wahrzunehmen? Zu dieser Frage wurden schon Bücherschränke gefüllt, darum möchte ich mich auf das beschränken, woran ich glaube. Beweise dafür, dass mein Glaube richtig ist, gibt es nicht. Ich glaube, dass ich nur ein Individuum von vielen bin, und in dieser Realität als Mensch nehme ich über meine Sinne die Umwelt wahr und versuche aus diesen Sinneseindrücken die Welt zu verstehen.

Dazu kommt ein ganz entscheidendes Problem. Wir Menschen lernen schon im Mutterleib, mit unseren Sinnen umzugehen, was nach der Geburt noch weitergeht. Durch diese Sinne nehmen wir die Natur nicht wahr, wie sie ist, sondern die Reize, die die Umwelt auf uns ausübt, werden in Nervenimpulse umgesetzt, die unser Hirn verarbeitet. Damit mache ich mir ein Bild von der Umwelt, das mit dieser gar nicht übereinstimmen muss.

Das liegt nicht nur daran, dass die physikalischen Vorgänge in meinem Kopf andere sind als die physikalischen Vorgänge, die ich gerade beobachte. Meine Beobachtung wird auch ganz stark von dem Wissen geprägt, was ich bisher erworben habe. Wenn wir heute den Himmel betrachten, sehen wir nicht mehr einen Sonnengott, der eine goldene Scheibe über den Himmel zieht, sondern wir sehen uns auf der Erde rotierend um die Sonne kreisen. Natürlich gibt es auch romantische Betrachtungsweisen des Sternenhimmels. Aber nur durch den Filter des bisher angeeigneten Wissens kann ein Individuum unter den einzelnen wissenschaftlichen und romantischen Möglichkeiten die am wahrscheinlichsten reale heraussuchen.

Dabei bleibe ich immer der denkende Mensch, bei dem sich das Wissen nur durch die Wiederholbarkeit der Ereignisse vom Glauben unterscheidet. Interpretiere ich einen Vorgang falsch, wird auch ein noch so häufiges Wiederholen des Ereignisses diesen Fehler nicht aufdecken. In

---

3 Das ist der erste Grundsatz des Philosophen René Descartes (1596–1650).

seinem Buch über das Denken hat Edward de Bono ein Beispiel zur Logik beschrieben [5]. Darin versucht ein Forscher nachzuweisen, dass Spinnen mit den Beinen hören. Er dressiert die Spinnen, sodass sie auf das Kommando "Spring" auch hüpfen. Dann schneidet er ihnen die **Spinnenbeine** ab, und auf das erneute Kommando "Spring" tun sie dies nicht mehr, da sie nach seiner Logik das Kommando nicht mehr hören können.

Jedem wird klar sein: Die Spinne braucht die Beine, um springen zu können. Bei dem Versuch wird also eine Veränderung vorgenommen, die in jedem Fall das Eintreten der Sprungbewegung verhindert, ob die Spinne nun mit den Beinen hört oder nicht. Für die logische Interpretation einer Beobachtung ist ganz wesentlich, dass man alle dafür erforderlichen Teilstücke mit einbezogen hat. Mache ich mir keine Gedanken über das Springen an sich, erkenne ich gar nicht den logischen Bruch im Versuchsablauf.

Ich denke, aus der Sicht des Lesers sind alle erforderlichen Einzelheiten des Versuchsablaufs klar zu erkennen und darum auch der Fehler in der Logik des Forschers. Wie ist es aber, wenn die Einzelheiten eines Versuchsablaufs gar nicht so klar zu erkennen sind oder trotz aller Bemühungen Wissenslücken bestehen? Dazu möchte ich auf zwei modellhafte Beispiele eingehen.

Das erste möchte ich das Schwarzpulverproblem nennen. Man stelle sich vor, man wäre im Mittelalter und sollte kausal begründen, warum Schwarzpulver knallt. Und warum es das auch nur in einem bestimmten Verhältnis der Bestandteile macht und nicht auch in einer anderen Mischung oder gar ein Gemisch aus ähnlich aussehenden Stoffen nicht knallt. Man kann gut beschreiben, wie man die einzelnen Stoffe gewinnt. Man kann das Verhältnis der Stoffe in Formeln bringen. Aber so lange man nichts von den Atomen und Bindungskräften weiß, wird man nicht wirklich kausal den Effekt begründen können. Allein weil man mit einer Sache wunderbar umgehen kann, und korrekte Vorhersagen über eintretende Folgen machen kann, bedeutet es nicht, dass man die Sache auch richtig verstanden hat.

Das zweite ist der radioaktive Zerfall. Man versuche, kausal zu erklären, wie dieser vonstattengeht. Können wir das nicht, weil wir nicht alle erforderlichen Teile des Ereignisablaufs kennen? Oder gibt es diese Kausalität gar nicht? Reicht unser Wissensstand schon aus, um hier eine Entscheidung zu treffen? Oder können wir nur mit einer Arbeitshypothese weitermachen, wie im Mittelalter beim Schwarzpulver? Dann sollten wir beim Weitergeben dieser Vorstellungen, z.B. im Unterricht, auch deutlich machen, dass es sich nur um Annahmen handelt und diese nicht als Tatsache hinstellen. Mehr dazu in Kapitel 3.10 über den Zufall.

Wie ich schon oben darlegte, betrachten wir alles mit dem bisherigen Wissen, das wir haben. Geht man davon aus, dass es keinen kausalen Zusammenhang gibt, kommt man bei der Beurteilung des radioaktiven Zerfalls zwangsläufig zu anderen Ergebnissen als bei Annahme der Möglichkeit eines kausalen Zusammenhangs.

Wenn man seinen eigenen Gedanken trauen und in der eigenen Logik keine Sprünge machen will, muss man sich über jeden einzelnen Baustein seines Gedankengebäudes klar sein. Was kann als tatsächlich angesehen werden und was ist abhängig von weiteren Annahmen, die so gar nicht gegeben sein müssen. Eine besondere Bedeutung haben dabei die Grundlagen.

Diese können unterschiedliche Eigenschaften haben. Sie können **eindeutige Ereignisse** und in dem Rahmen ihres Versuchsablaufs gesichert sein, wie z.B.:
- Wenn man einen Stein loslässt, fällt er hinunter.
- Wenn man die Lichtgeschwindigkeit mit Lichtuhren oder physikalisch vergleichbaren Messinstrumenten unter Einsteins Gleichzeitigkeitsdefinition misst, bekommt man immer einen konstanten Wert.
- Wenn man das Spektrallicht der Sterne untersucht, sind die Spektrallinien immer weiter rotverschoben, je weiter ihre Quellen entfernt sind.

Aber sie können auch **nicht beweisbare Annahmen** sein, wie:
- Die Schwerkraft lässt den Stein hinunterfallen.
- Die Lichtgeschwindigkeit **ist** absolut konstant, also muss sie auch konstant gemessen werden.
- Analog zum Dopplereffekt kommt es im Universum zu der Verschiebung der Spektrallinien, also muss das Weltall expandieren.

Ich möchte an dieser Stelle nur auf den ersten Punkt eingehen, weil er auf den nächsten Abschnitt überleitet. Ich habe mein Leben lang nur in Sinneseindrücken gelernt, und meine Gedanken laufen nur in Modellen dieser Sinneseindrücke ab. Darum habe ich die Schule immer als Dressur auf Sprache wahrgenommen. Heute werden wir immer früher (schon im Kindergarten) und immer massiver auf Sprache getrimmt. Und statt in die Natur zu gehen und unsere Sinne für die Beobachtung zu schärfen, erlernen wir nur die Sprache von Nintendo, Playstation oder Computern mit einem künstlich abgesteckten Rahmen.

Alles, was der Mensch je zu Papier gebracht hat, kann man prinzipiell auch im Computer speichern und abrufen. Alles ist aber in eine Form gepresst, damit Menschen diese Information miteinander austauschen können. Das gilt auch für Geräte, mit denen Menschen kommunizieren, die aber immer nur in einer vom Konstrukteur vorgegebenen Weise agieren. Auch der fähigste Autor wird den Duft einer Rose nicht richtig beschreiben können. Nur die Rose selbst kann das, und wir können lernen, das über unsere Nase wahrzunehmen. Die Blumen können auch für Insekten duften, ohne dass diese etwas von der menschlichen Sprache verstehen. All diese Sprachen werden nur aus dem Wissen und den Fähigkeiten von Menschen gemacht. Nicht von der unendlichen Vielfalt der Natur. Das Wissen, das Menschen erlangen und miteinander austauschen können, ist zwangsläufig beschränkt durch ihre mit der Bildung erlernte Sprache. Nur wer sich die Barriere bewusst macht, die durch die sprachliche Bildung entsteht, kann sich vorstellen, dass es dahinter noch mehr gibt.

Die Natur lässt Steine fallen, Planeten um Sonnen kreisen und viele Sonnen in Galaxien kreisen. Alles sind als solche gesicherten Ereignisse. Aber wodurch kommt das? Sprachlich geprägte Menschen sind oft schon zufrieden, wenn das Kind einen Namen hat: Schwerkraft. Ich frage: Was ist denn überhaupt Schwerkraft, was steckt hinter dieser Buchstabenkombination? Was steckt hinter der mathematischen Beschreibung der Allgemeinen Relativitätstheorie?

1.3 Die sprachliche oder die mathematische Realität

Sprachliche Begriffe können leicht Brücken bauen, so dass wir in unseren Gedanken nicht über das oben beschriebene Problem der Spinnenbeine stolpern, sondern einfach über sie hinweggehen. Der Mensch in seiner Alltagserfahrung macht sich keine Gedanken über den sprachlichen Begriff der Schwerkraft hinaus. Aber auch die formelhafte Beschreibung der Schwerkraft in der mathematischen Sprache reicht mir nicht aus, genauso wie ich im Mittelalter nicht zufrieden wäre, allein mit der Beschreibung, welche Bestandteile man zusammenmischen muss, um einen Stoff zu erhalten, der knallt. Ich glaube, wir wissen zu wenig über die Schwerkraft an sich. Erst wenn wir klarere Vorstellungen von ihrem Charakter in der Realität des uns umgebenden Universums haben, können wir die Formeln verbessern, die sie beschreiben.

Um in den eigenen Gedanken keine logischen Schluchten zu überspringen, müssen wir immer auf der Suche nach den Spinnenbeinen sein. In von menschlichen Sinnen kontrollierbaren Bereichen, in denen wir die Spinnenbeine sehen oder anfassen können, gibt es kaum noch diese Probleme. Irgendwer hat die Fehler schon aufgedeckt.

In der Atomphysik und der Astronomie sind die Versuche aber mehr **Black-Box-Ereignisse**. Auf der einen Seite werfen wir etwas hinein, und irgendwo kommt etwas anderes heraus. Was dazwischen passiert, können wir nicht direkt beobachten. Dadurch können wir bei Veränderungen eines Versuchsablaufs auch nicht sehen, ob wir mit dem Abschneiden der Spinnenbeine auch noch andere Bedingungen verändert haben, als die wir uns vorgestellt hatten.

Wie kann man sich diesem Problem nähern? Da kommen wir zur zweiten Realität, der sprachlichen oder mathematischen Realität. Da wir bei Black-Box-Ereignissen den Vorgang selbst nicht beobachten können, sondern nur seine Wirkung, können wir lediglich eine formelmäßige Relation herstellen. Etwa bei blutdrucksenkenden Medikamenten, wo wir bei Dosiserhöhung eine stärkere Wirkung feststellen, aber warum das Medikament wirkt, können wir aus dieser Relation nicht ersehen.

In der Physik sind die Bedingungen einheitlicher, damit auch die Messergebnisse einheitlicher, aber die Erkenntnisse über den Vorgang selbst sind nicht besser. Wenn diese Bedingungen bei scheinbar gleichen Voraussetzungen doch unterschiedliche Ergebnisse erbringen, bleiben uns nur statistische Aussagen mit Wahrscheinlichkeitsrechnungen. Diese können dabei vollständig den mathematischen Gesetzen entsprechen und eine mathematisch in sich geschlossene Logik bieten, Diese entspricht aber doch nur einer, wie ich sie nenne, *sprachlichen oder mathematischen Realität*.

Die vor uns in der Black-Box verborgenen unterschiedlichen Voraussetzungen, die aber dennoch in der Realität des uns umgebenden Universums gegeben sind, werden durch diese Formeln verständlicherweise nicht wiedergegeben.

Ich habe einmal in einer bizarren Geschichte gelesen, wie ein Mann, der zunehmend nicht mehr unter dem Einfluss der Gravitation stand, sich zuletzt in einem Tannenwipfel festhielt, den Halt verlor und dann im Himmel verschwand. Der Vorgang ist in einer fesselnden Art beschrieben, aber er ist eben nicht real, er ist eben nur sprachlich real. Während meines Studiums wurde im Kurs der medizinischen Statistik gern das Beispiel genannt, das wohl Anfang dieses Jahrhunderts die Entwicklung der Anzahl der Störche mit der Anzahl der Geburten übereinstimmte. Aus der Statistik soll hervorgehen, dass die Kinder vom Storch gebracht werden. Aber das ist eben auch nur eine mathematische Wahrheit. Um die Frage zu beantworten, ob die Kinder vom Storch gebracht werden, kann die Mathematik hier nicht weiterhelfen. Es ist viel entscheidender zu beantworten, ob dieser mathematische Zusammenhang tatsächlich auch durch die Naturgegebenheiten besteht.

Ein Beispiel, welches das vielleicht auch theoretische Physiker und Fachkompetente verstehen können, warum die Mathematik nicht die Natur selbst ist. Für Beobachter, die sich in einer Kiste befinden, gibt es nach dem Äquivalenzprinzip keine Möglichkeit innerhalb der Kiste eine Messung zu machen, mit der sie feststellen können ob sie auf der Erde stehen oder sich mit konstanter Beschleunigung durch den Weltraum bewegen. Die Messergebnisse und Messmethoden sind dieselben, vor allem ist die Mathematik dieselbe. Man muss von dieser Mathematik unabhängige Beobachtungen machen, wie aus dem Fenster sehen. Erst dann erkennt man einen Unterschied. Der eine Beobachter sitzt nach 100 Jahren noch auf seinem Balkon und sieht die Sonne am Tag über den Himmel ziehen und nachts einen fortwährend in allen Richtungen gleichmäßig verteilten Sternenhimmel. Der andere sieht schon nach einem Jahr ein völlig verzerrtes Universum mit fast Lichtgeschwindigkeit an sich vorbeiziehen und es entstehen energetische Probleme um die Beschleunigung aufrechtzuerhalten. Man muss das als völlig verschiedene physikalische Bedingungen ansehen. Das ist aber allein aus der Mathematik nicht zu erkennen. Man kann das verallgemeinern und sagen dass generell bei Black-Box Ereignissen allein aus der Mathematik nicht zu erkennen ist welche Bedingungen in der uns umgeben Realität tatsächlich bestehen.

Bei den, wie ich sie schon oben nannte Back-Box-Ereignissen der Physik, ist es ebenfalls viel entscheidender, ob der vermutete Zusammenhang überhaupt besteht, als deren statistische oder formelmäßige Beschreibung. Auch wenn man 100 Spinnen die Beine abschneidet, wird man dem Problem an sich nicht näher kommen. Noch mehr wird man irritiert, wenn mit einer gewissen Fehlerquote den Spinnen die Beine gar nicht ganz abgeschnitten werden, man den Fehler aber nicht erkennt und manche Spinnen dann doch ganz anders springen. Damit unterscheiden sich die beiden Versuchsphasen nicht nur durch die vom Beobachter gewollte Veränderung. Die Beschreibung des Versuchs kann damit auch nicht die vom Beobachter nicht wahrgenommene Veränderung enthalten.

Auf die Physik bezogen geht man immer davon aus, dass der Versuchsaufbau zu Beginn gleich ist, bis auf die gewollte Veränderung. Aber in einem Bereich, den man nicht beobachten kann, können trotzdem unterschiedliche Ausgangsbedingungen bestehen. Die anderen Ausgangsbedingungen werden durch etwas verursacht, das eine Rolle spielt, von uns aber noch nicht beobachtet werden kann und deshalb auch in die Überlegungen nicht mit einbezogen werden kann.

Das kann auch einen generellen Vorgang betreffen, bei dem man eine Differenz zwischen Messwert und dem errechneten Wert findet, wie bei der Pioneer-Anomalie, der Fly-by-Anomalie, oder den zu schnell rotierenden Galaxien. Eine akribische Untersuchung der Einzelteile des Ereignisablaufs hat beim Pioneer-Effekt zur Lösung geführt. Die Formeln waren richtig, aber die asymmetrische Abstrahlung der Energie wurde nicht richtig eingeschätzt. Für die anderen Probleme möchte ich später als Lösung ein alternatives Gravitationsmodell vorstellen. Auch hier sind wohl nicht die Formeln zu verändern nur die Basis der Messwerte auf der sie stehen ist anders zu bewerten.

Diese sprachliche Realitätsebene kann eine mathematisch reizvolle, in sich logische und geschlossene Welt sein. Für die Basis dieser mathematischen Welten müssen Annahmen gemacht werden. Annahmen wie: Es gibt keinen absoluten Raum, es gibt keine absolute Zeit, es gibt Inertialsysteme, und die Lichtgeschwindigkeit ist absolut konstant. Im nächsten Kapitel werde ich die Aussagen über Raum und Zeit genauer aufzuschlüsseln.

Da die Annahmen keine realen Bestandteile des uns umgebenden Universums sein müssen, muss auch deren mathematische Schlussfolgerung kein Bestandteil des uns umgebenden Universums sein. Aber selbst wenn die Annahmen richtig sind, hat die mathematische Beschreibung nicht mehr mit dem Universum zu tun als eine Bildbeschreibung mit einem Bild selbst.

Ein Gemälde selbst ist vollständig in seiner Existenz, in seiner zeitlichen und räumlichen Entstehung, in seiner kausalen Folge der Herstellung seiner Materialien und in der Zusammensetzung durch den Maler selbst. Die Bildbeschreibung ist aber ein sprachliches Werk des Autors mit einer eigenen Existenz und nicht der des Bildes selbst. Der Bildbeschreibende kann immer nur das in die sprachliche Beschreibung aufnehmen, was er selbst auch schon beobachtet hat und nur in der Beobachtungsqualität und Beschreibungsqualität, zu der er selbst fähig ist.

Man stelle sich vor, ein Schüler eines Großen Meisters hätte eine genaue Kopie eines seiner Werke erstellt. Dabei könnten sowohl der Schüler am Werk des Meisters, als auch der Meister an der Kopie mitgearbeitet haben. Aus Bildbeschreibungen weiß man von der Existenz dieser Bilder. Diese waren aber lange verschollen und werden nun wiedergefunden. Da beide im gleichen Atelier gefertigt wurden, bestehen sie aus dem gleichen Material. Ihr Alter von hundert Jahren unterscheidet sich nur um wenige Tage. Unter diesen Bedingungen wird ein Bildbeschreibender auch bei genauesten Untersuchungen nicht mehr feststellen können, welches Bild vom Meister und welches vom Schüler gefertigt wurde. Darum wird in seiner sprachlichen Realität unbestimmt sein, welches vom Meister und welches vom Schüler stammt. In der Naturrealität glaube ich aber, ist ganz eindeutig bestimmt, welches Bild oder Teile eines Bildes vom Meister und welche vom Schüler stammen.

Nicht anders ist es mit der mathematischen Beschreibung des uns umgebenden Universums. In die Beschreibung können nur Dinge eingehen, die schon beobachtet wurden und nur in der Qualität, in der die Beobachtungen gemacht wurden. Dafür gibt es absolute Grenzen die ich im folgenden Abschnitt 1.4 beschreiben möchte und relative, weil die Beobachtungsmöglichkeiten technisch noch unzureichend sind, z.B. die Messinstrumente noch nicht genau genug sind, oder das Wissen noch unzureichend ist, wie beim Schwarzpulverproblem zu Zeiten des Mittelalters.

Alles, was sich in dieser mathematischen Welt beschreiben lässt, ist mathematisch/sprachlich real, es ist aber nicht die Realität des uns umgebenden Universums.

Ein Beispiel möchte ich geben zur mathematischen Verarbeitung von Messwerten und den Schlussfolgerungen daraus. Zum Messen der Temperatur kann man sich ein Hilfsmittel bauen, ein Thermometer. Abhängig von der Temperatur ändert sich die Länge z.B. einer Alkoholsäule. Im praktisch durchführbaren Bereich von etwa -10 °C bis 20 °C kann man Messwerte erlangen. Dann kann man mit einer Formel das Verhältnis von der Säulenhöhe zur Temperatur darstellen. Das ergibt eine ganz vernünftige Arbeitsgrundlage. Wenn ich davon ausgehe, dass dieses Verhältnis sich über alle Bereiche nicht ändert, kann man aus dieser Formel logisch und den mathematischen Gesetzen entsprechend den absoluten Nullpunkt errechnen, nämlich bei der Länge Null der Alkoholsäule, denn kürzer kann sie ja nicht werden.

Aber dabei hat man wieder die Spinnenbeine abgeschnitten, denn auch dies ist nur eine mathematische Realität. Man geht von bestimmten Annahmen aus und kommt über die Logik der Mathematik oder die Logik der Sprache zu einem Ergebnis. Dieses Ergebnis ist aber in der uns umgebenden Natur nur so real, wie die Annahmen richtig sind oder der mathematisch beschriebene Zusammenhang überhaupt zutrifft. Hier sind wir aber schon durch tatsächliche Beobachtungen und Versuchsdurchführungen in die Temperaturbereiche nahe dem Nullpunkt vorgedrungen und mussten feststellen, dass so eine Säule auch beim absoluten Nullpunkt nicht die Länge Null erreicht und der Nullpunkt ganz anders definiert werden muss.

In diese sprachliche Realität gehören auch Aussagen wie: "Es gibt keine modellunabhängige Wirklichkeit." Ich halte diese Aussage für falsch. Die Formulierung "es gibt keine modellunabhängige Erkenntnis" wäre besser. Egal welche Theorie oder Modellvorstellungen man hat, völlig unabhängig von jeglicher Vorstellung knallt Schwarzpulver ganz wirklich. Damit möchte ich überleiten zum nächsten Abschnitt, denn ich glaube, es gibt noch eine modellunabhängige, vom Denken des Menschen unabhängige Wirklichkeit. Auch das ist nur ein Glaube und durch nichts zu beweisen, aber auch nicht zu widerlegen.

1.4 Die Naturrealität

Es gibt noch eine andere Realität, das sogenannte Außen. Um sie nicht "reale Realität" zu nennen, möchte ich sie die Naturrealität nennen. Das ist wohl die Realität, an die Einstein dachte, wenn er sagte "Gott würfelt nicht". Das ist die Realität, die jene Bedingungen beinhaltet, nach der die Natur funktioniert. Völlig unabhängig vom Vorhandensein des Menschen oder der Beobachtung durch den Menschen, unabhängig vom Denken des Menschen oder dem Versuch sie in Formeln zu beschreiben, die er dann Naturgesetze nennt. Der Mensch kann nur versuchen sich dieser Realität zu nähern, er wird sie aber nie ganz exakt erkennen oder beschreiben können. Damit muss er sich abfinden, aber er sollte nicht gleich das Kind mit dem Bade ausschütten und sagen: Es gibt diese Realität nicht. Ein Beispiel dafür ist "Schrödingers Katze". Ich glaube, dass der Zustand der Katze in dieser Realität immer eindeutig ist. Nur der Wissensstand des Beobachters über den Zustand der Katze und damit ihr Zustand in der sprachlich-mathematischen Realität, bleibt undefiniert, bis man den Deckel geöffnet hat. Das gilt auch für die physikalischen Beobachtungen, für die sie als Modell steht, wie z.B. der Doppelspaltversuch. Im Kapitel über Welle-Teilchen-Dualismus wird das noch genauer beschrieben.

Ich möchte noch ein anderes Beispiel geben für die Grenze zu dieser Realität: Wenn zwei Linien in einem bestimmten Winkel zueinander liegen, oder sich zwei Teilchen in einem bestimmten Winkel zueinander bewegen, kann der exakte Wert für den Winkel tausend Seiten füllen. Und wenn ein anderes Teilchen sich dazu in einem nur um eine Idee anderen Winkel bewegt, könnte dieser exakte Wert mehr Zeichen umfassen, als die bisherige, von der gesamten Menschheit verfasste Literatur. Wir sind also unfähig, diesen Winkel in Formeln exakt zu beschreiben, geschweige denn zu messen. Gott hat es mit der Beschreibung ganz einfach, indem er sich die Teilchen einfach in diesem Winkel bewegen lässt. Der beobachtende Mensch wird sich dem aber nur bis zu einer für ihn handhabbaren Abrundung nähern können und das schon allein bei nur einem Winkel. Das bleibt für den Menschen die Trennlinie zu dieser Realität. Wenn der Mensch den Winkel, in dem sich zwei Teilchen zueinander bewegen nicht exakt beschreiben kann, dann liegt das nicht daran, dass sich die Teilchen nicht exakt bewegen, sondern nur an der beschränkten Beobachtungs- und Ausdrucksfähigkeit des Menschen.

Abschließen möchte ich das Kapitel mit einem Zitat Einsteins aus einer Zitatesammlung: *„Logik bringt dich von A nach B. Deine Phantasie bringt dich überall hin."*

Und es transformieren in in einen Bezug zur Realität: Die Naturrealität ist ein kausal in sich geschlossenes System mit klaren Wegen. In der Welt der Sprache kommst du überall hin und kannst alles beschreiben.

2. Raum und Zeit

2.1 Messung des Raums

Nehmen wir an, es gäbe einen absoluten Raum. Wie kann festgestellt werden, ob sich ein Teilchen in diesem Raum bewegt? Jemand, der den absoluten Raum wahrnehmen könnte, wüsste dann auch, ob sich ein Teilchen in dem Raum bewegt oder ruht. Wie könnte der Mensch diesen Raum wahrnehmen, welche Eigenschaft dieses "absoluten Raumes an sich" könnte der Mensch wahrnehmen? Der Mensch kann nur durch eine Messung etwas wahrnehmen. Messen heißt, etwas innerhalb des uns umgebenden Universums vergleichen. Zum Beispiel der Vergleich eines auf unserer Retina eintreffenden Lichtphotons, mit dem Zustand, wenn kein Photon dort eintrifft. Auch der Effekt im Innenohr bei Einwirken einer Schallwelle auf unser Trommelfell, gegenüber dem Ruhezustand. Wie sollte er aber diesen absoluten Raum messen? Misst der Mensch eine Eigenschaft, ist infrage zu stellen, ob es die Eigenschaft des "Raumes an sich" ist, oder die Eigenschaft eines sich in dem Raum befindenden Mediums.

Nehmen wir zwei Teilchen. Wie kann man feststellen, ob sich diese Teilchen zueinander bewegen? Man denkt, bei der Rotation wäre das einfach. Aber wie kann man feststellen, ob das eine Teilchen rotiert oder ob das andere Teilchen um dieses herumfliegt? Man wird schnell nach der Zentrifugalkraft fragen. Aber auch das ist keine einfache Lösung. Ich möchte das später in Kap. 5.2 an einem Beispiel verdeutlichen, bei dem zwei Ringe parallel nebeneinander rotieren. Was entscheidet, in welchem Ring eine Zentrifugalkraft gemessen wird, ist das nur Zufall? Oder gar: Was sollte erzwingen, dass überhaupt eine Zentrifugalkraft gemessen wird?

Wie steht es mit dem Abstand zweier Teilchen zueinander? Der könnte einen Teil des absoluten Raumes repräsentieren. Aber wie kann der Mensch den Abstand wahrnehmen, also messen? Er könnte ihn mit Urmetern auslegen. Nun mag er feststellen, dass er immer die gleiche Zahl an Urmetern zwischen beiden Teilchen auslegen kann. Relativ zum absoluten Raum könnten die Urmeter aber schrumpfen, damit würde auch der Abstand zwischen den Teilchen relativ zum absoluten Raum abnehmen. Er hätte also auch damit keine Möglichkeit, diesen absoluten Raum wahrzunehmen.

Ich kann mir beim besten Willen keine Möglichkeit vorstellen, mit der man einen solchen absoluten Raum wahrnehmen könnte. Man kann sich entschließen zu sagen: Was man nicht messen kann, das gibt es auch nicht. Es ist fast so, als wenn man die Augen schließt und sagt: „Das Universum gibt es nicht, weil ich es nicht sehen kann." Aber wenn man die Augen wieder auf macht ist es vom Urknall bis heute schon wieder da. Und als man die Röntgenstrahlen noch nicht messen konnte, gab es die da etwa noch nicht? Das macht für mich keinen Sinn!

Allein weil ich ihn mir vorstellen kann halte ich ihn prinzipiell erst mal für möglich. Es ist richtig, dass man ihn nicht beweisen kann, aber man kann ihn auch nicht widerlegen. Um nicht unnötig die Möglichkeiten einzuschränken, zu denen man in einem logisch einwandfreien Aufbau kommen kann, halte ich die Existenz eines absoluten Raumes weiter für möglich, auch wenn der Mensch diesen Raum wohl nie messen können wird.

Wie sieht es mit der Zeit aus? Auch hier kann der Mensch weder beweisen noch widerlegen, dass es eine absolute Zeit geben könnte. Auch hier kann er nur zwei veränderliche Vorgänge miteinander vergleichen. Z.B. zwei Uhren miteinander vergleichen oder einen zu messenden Vorgang mit einer Uhr.

Beschreibt der Mensch Bewegungsvorgänge im Universum, stellt er fest, dass es nur in einer vierdimensionalen Verknüpfung von Messwerten des Raumes und gleichzeitig der Zeit geht. Gemessen mit Lichtsignalen (siehe Definition des Meters m) und Atomuhren. Es bleibt die Frage, ob der Raum an sich und die Zeit an sich in der Naturrealität vierdimensional miteinander verknüpft sind, nur weil seine Messwerte vierdimensional sind? Darauf möchte ich in den folgenden Abschnitten noch genauer eingehen. Auch diese Frage kann der Mensch nicht eindeutig beantworten. Ganz anders sieht die Situation bei dem aus, was der Mensch beobachten kann. Sicherlich sind die Sinne schon brauchbar, um gewisse Messungen vorzunehmen. Wenn wir aber exakte Messungen in Raum und Zeit vornehmen wollen, brauchen wir schon genaue Definitionen von Meter m und Sekunde s.

2.2 Messen der Größe und Entfernung

Was bedeutet Messen? Z.B. der grundlegenden Größen Raum und Zeit? Um den Raum zu messen, werden Entfernungen bestimmt, z.B. durch Vergleich mit einem Messinstrument. Um vernünftig damit arbeiten zu können, muss dieses Messinstrument auch unter allen Messbedingungen konstant bleiben. Man kann sich ein Urmeter aus Speziallegierungen herstellen, das sich in seiner Größe möglichst konstant verhält, z.B. bei unterschiedlichen Temperaturen keine messbare Längendifferenz zeigt. Bei größerer Messgenauigkeit, z.B. beim Vergleich mit Licht, stellt man dann doch Längendifferenzen fest und man sucht sich ein neues Messmittel, das im Rahmen der Messgenauigkeit keine Differenzen zeigt. Die heutige Definition lautet:

Zitat von der Seite der Physikalisch Technischen Bundesanstalt PTB (kein link angegeben, da sich die immer wieder ändern):
"Das **Meter** ist die Länge der Strecke, die Licht im Vakuum während der Dauer von (1/299792458) Sekunden durchläuft. Die Meterdefinition weist der Lichtgeschwindigkeit[4] c einen festen Wert zu. Diese Fundamentalkonstante kann somit nicht mehr gemessen werden, sie ist jetzt exakt vorgegeben. Hieraus folgt, dass die Längeneinheit von der Zeiteinheit Sekunde abhängt."

Hier gibt es zwei wesentliche Probleme: Erstens, was stellt man sich unter dem "Vakuum" vor, oder wie definiert man das? Zweitens, wie misst man das Zeitintervall? Darauf möchte ich im nächsten Kapitel eingehen.

Wie kann man zwei gleichartige Urmeter (hier auch im Sinne der obigen Definition gedacht) unter verschiedenen Bedingungen in eine "vergleichbare" Position bringen? Und wie kann ich die Konstanz für diese unterschiedlichen Bedingungen überprüfen? Zum Beispiel, ob das Urmeter waagerecht zur Erde dieselbe Länge hat, wie senkrecht zur Erde? Zu-

---

4   Relativistische Geschwindigkeiten werden oft im Vielfachen von c ~ 300.000km/s angegeben.

nächst mag die Frage unsinnig erscheinen, aber man muss sich klar sein, dass es eine Annahme ist, wenn ich davon ausgehe, dass die Länge konstant ist. Ein vielleicht physikalisch anschaulicheres Beispiel ist: Wenn ich mit meinem Urmeter im Inneren der Sonne Vergleiche anstelle, muss auch im Urmeter die Atomdichte entsprechend den dort herrschenden Verhältnissen zunehmen. Ist damit "das Meter m" auch kürzer, oder ist mein Urmeter jetzt kürzer als "1 Meter"?

Übertragen auf Senkrecht zu Waagerecht: Nimmt man zwei Urmeter und lege sie nebeneinander jeweils in beiden Richtungen, wird keine Differenz festgestellt, da für beide jeweils die gleiche Bedingung gilt. Wie ist es, wenn das waagerechte mit dem senkrechten Urmeter verglichen werden soll? Hier ist ein direkter Vergleich nicht möglich. Auch mithilfe einer aufwendigen Messkonstruktion lässt sich die Situation nicht wesentlich verbessern. Erstens, weil auch für diese Messkonstruktion die gleichen unterschiedlichen Bedingung gelten könnten und zweitens, weil es immer eine nur begrenzte Messgenauigkeit gibt. Messe ich bis zur 15. Stelle genau, kann sich der Effekt vielleicht erst an der 23. Stelle zeigen. Drittens: Selbst wenn ich ein solches Messmittel gefunden habe, das unterschiedliche Messwerte anzeigt, stecke ich in dem Relativitätsdilemma, zu entscheiden, für welches der Messmittel nun diese richtungsabhängige (bedingungsabhängige) Größendifferenz besteht: Das "Urmeter" – es wäre dann nicht in beiden Richtungen 1 m lang – oder die neu gefundene Konstruktion. Es könnten sich auch beide verkürzen, nur der eine stärker als der andere. Wobei sich dann aus der Sicht des sich stärker verkürzenden Maßstabs der andere verlängert hätte.

Abgesehen von solchen Überlegungen erscheint das **Messen einer Größe** durch Vergleich mit einem 'Maßstab' zunächst unproblematisch. Aber wenn ein Zimmermann beim Ausmessen den Zollstock erst an einem Ende abliest und verrutscht bis er das andere Ende abliest, wird er nie verwertbare Messungen machen können. Es muss also gefordert werden, dass zwischen dem Ablesen des einen und des anderen Endes der Zollstock keine Veränderung eintritt. Bei einem statischen Aufbau verändert sich nichts, also ist diese Bedingung erfüllt. Wenn man beim Ablesen des Zollstocks beide Enden mehrfach kontrolliert, erhält man immer die gleichen Messwerte.

Wie ist es aber bei Bewegungen? In dem uns umgebenden Universum ist nichts statisch, selbst die Kontinentalplatten bewegen sich gegeneinander. Wie kann ich die Länge eines Körpers bestimmen, der sich an meinem Messstab entlangbewegt? Hier kann ich sagen: Indem ich den Anfang und das Ende "gleichzeitig" mit meinem Messstab vergleiche.

Damit ist aber die Längenmessung von bewegten Körpern abhängig davon, wie weit überhaupt eine räumliche Gleichzeitigkeit von entfernten Orten bestimmt werden kann. Damit ist der Messwert für m zeitabhängig zweidimensional, also der für den Beobachter Mensch messbare Raum zeitabhängig vierdimensional. Zum Ausdruck kommt das auch in der oben genannten Definition des Meters m, der damit abhängig ist von der Zeit. Ob damit auch der vom Beobachter Mensch unabhängige "Raum an sich" in der Naturrealität von der Zeit abhängig ist, lässt sich vom Beobachter Mensch nicht beurteilen. Natürlich kann man sich im philosophischen Sinn Gedanken über diesen Raum machen. Die Ergebnisse dieser Gedanken bleiben aber immer auf die Ich-Realität und die sprachliche Realität beschränkt. Es ist nicht möglich, durch eine Messung eine Beziehung zu dem "Raum an sich" herzustellen, damit ist es sinnlos zu versuchen, diesen Raum zu erfassen. Dann muss man aber auch seine Schlussfolgerungen und Aussagen, die man aus den vierdimensionalen Messwerten zieht, auf diese messbare Realität beschränken.

Prinzipiell bleibt festzuhalten, dass der Beobachter Mensch zur Bestimmung von Größen und Entfernungen nur "Vergleiche" durchführen kann und nicht die "absolute" Größe feststellen kann. Um Vergleiche anstellen zu können, muss eine Messanweisung definiert werden. Schlussfolgerungen aus diesen Messwerten sind dann auch nur im Rahmen dieser Definition gültig. Wichtig ist, dass man sich das Prinzip der Frage klar macht, da dieses bei Beobachtungsversuchen im Bereich der Atomphysik und der Astronomie eine ganz entscheidende Rolle bekommt.

2.3 Messen der Zeit

Auch die Zeitmessung ist nur ein Vergleich, hier zweier Veränderungen im Raum. Zum einen der "Uhr", die "konstante" Zeiteinheiten darstellen soll, und zum anderen des zu beobachtenden Vorgangs. Bei der Zeit ist es etwas anders als bei der Entfernung. Die "messbare Zeit" vergeht erst dadurch, dass sich etwas verändert, dass z.B. die "Uhr tickt". Tickt die Uhr nicht mehr, vergeht auch keine "messbare Zeit". Kann ich dies beobachten, so verändere ich mich, also läuft auch noch die Zeit weiter, nur die Uhr ist stehen geblieben. Gäbe es keine Veränderung in diesem Weltall, würde auch keine "messbare Zeit" vergehen, denn im wahrsten Sinne des Wortes stünden alle "Uhren" still. Dies muss aber für alles in diesem Weltall gelten, denn sonst läuft die "Zeit" für das Weltall weiter, und nur in bestimmten Regionen sind die Uhren zwar stehen geblieben, aber auch ein Beobachter aus diesen Bereichen kann später feststellen, wenn er sich wieder verändert und damit seine "Beobachtungsfähigkeit" weiter läuft, dass sich etwas anderes im Weltall verändert hat und dass damit auch "Zeit" vergangen sein muss, auch wenn er sich während dieser „Zeit" nicht verändert hat und seine Uhren stehen geblieben sind.

Es kann also eine absolute Zeit geben, zu der die Vorgänge im Weltall schneller oder langsamer vergehen können, also ein Ereignis mal mehr und mal weniger "Zeit an sich" benötigt. Einen Wandel der Zeit kann der Mensch erst messen, wenn diese Änderung nicht für alle Vorgänge in diesem Universum gleichermaßen gilt. Es macht Sinn, die Zeit zunächst als konstant anzusehen, aber die neueren Überlegungen zur Urknalltheorie stellen ja auch diese infrage, zumindest für die ersten Momente.

Wie schon für die Entfernungsbestimmung die Gleichzeitigkeit eine wichtige Rolle spielt, muss auch bei der Zeit nach der Gleichzeitigkeit gefragt werden. Hier muss die Frage beantwortet werden, ob ein bestimmtes Ereignis für alle Beobachter gleichzeitig ist, oder ob es für ein Ereignis verschiedene Zeiten gibt. Als Beispiel: Ist ein Ereignis für einen direkten Beobachter (dieser sitzt im Café und beobachtet den Platz davor, auf dem das Ereignis abläuft und sieht auf die Uhr) zum selben Zeitpunkt geschehen, wie für jemanden, der auf demselben Stuhl sitzend erst drei Tage später davon in der Zeitung liest mit der Zeitangabe, wann das Ereignis stattgefunden haben soll?

Noch einen Schritt weiter: Ist es für beide noch zum selben Zeitpunkt geschehen, auch wenn durch einen Druckfehler in der Zeitung eine falsche Zeit angegeben ist? Das Informationsmittel Zeitung macht hier vielleicht die Frage deutlicher, ob für einen Beobachter das Informationsmittel = Beobachtungsmittel = Messgerät Einfluss darauf haben darf, wann für ihn das Ereignis geschehen ist. Hier ist nach der zeitlichen Linearität eines Ortes gefragt und damit auch nach der Kausalität. Diese Frage dürfte so weit einheitlich betrachtet werden, als man die Weltlinien[5] von Beobachtern oder auch dem Licht allgemein akzeptiert.

Weltlinien, egal welcher physikalischen Erscheinung, sind linear und kausal. Das heißt: "Zu jedem Ort auf dem Weg dieser Erscheinung, der zwischen zwei Orten ihres Weges liegt, ist die dazugehörige Zeit ihrer Uhr auch zwischen den Zeiten, die ihre Uhr an den anderen Orten angezeigt hat. Dies ist auch eine meiner grundlegenden Annahmen, von denen ich nicht bereit bin abzuweichen. Ich gehe davon aus, dass das uns umgebende Universum in der Naturrealität so aufgebaut ist, auch wenn das der Mensch nicht immer so messen kann.

---

5   [22] S.79f, [24] S.63

Schwieriger ist die Frage zu beantworten, wie es mit der Gleichzeitigkeit von Ereignissen ist, welche an verschiedenen Orten stattfinden? Man kann ein Zeitsignal aussenden, am anderen Ort reflektieren lassen und wieder empfangen. Nach der Kausalität der Weltlinie des Zeitsignals kann man sagen, das Reflexionsereignis ist nach dem Aussenden und vor dem Wieder-Empfangen geschehen. Man kann sich ein immer schnelleres Zeitsignal suchen, aber eine vom Prinzip her genauere Eingrenzung ist nicht möglich, als innerhalb der Zeitschleife des schnellsten Signals. Mit der zusätzlichen Annahme, die Lichtgeschwindigkeit ist absolut konstant, kann man dann schlussfolgern, das das Zeitsignal mit Licht ausgesendet für den Hinweg die gleiche Zeit braucht wie für den Rückweg. Damit wäre dann das Reflexionsereignis genau zu der Hälfte der ganzen Zeitschleife geschehen, entsprechend der **Gleichzeitigkeitsdefinition Einsteins**[6]. [9][10][17][24]

In der Naturrealität könnte der Raum auch ohne Einfluss durch die "Zeit an sich" existieren. Analogien sind keine Beweise, aber sie können eine Hilfe sein für die Erklärung, was gemeint ist. Man stelle sich eine Eisenbahnanlage vor, an der man langsam die elektrische Spannung erhöht. Dann fahren die Züge schneller, und die Lampen leuchten heller. Die in der Anlage eingebundenen Beobachter würden davon aber nichts merken, denn auch ihre Uhren gingen schneller. Der Zug würde für seine Runde immer noch den gleichen Messwert für die Zeit benötigen, und die Lampen wären nicht heller, denn pro Zeiteinheit würde immer noch die gleiche Anzahl an Photonen gemessen. Dieses Beispiel darf man nicht überstrapazieren, denn mit Erhöhung der Spannung ändern sich nicht alle Vorgänge gleichmäßig. Stellen wir uns vor, die Vorgänge im uns umgebenden Universum würden alle gleichmäßig schneller ablaufen. Wir menschlichen Beobachter würden davon nichts feststellen, denn beim Vergleich jeglicher Vorgänge würde keinerlei Differenz gemessen werden. Das gilt aber nur, wenn es für alle physikalischen Vorgänge gleichermaßen zutrifft. Sollten sich über die Jahrmilliarden bestimmte physikalische Vorgänge in ihrer Geschwindigkeit anders geändert haben als andere, wäre doch ein Effekt festzustellen. Z.B. könnte sich die Ge-

---

6 Es werden mehrere physikalisch gleichwertige Methoden zur Bestimmung der Gleichzeitigkeit dargestellt. Einstein[9] S.31: "Zwei in den Punkten A und B des Systems K stattfindende Ereignisse sind gleichzeitig, wenn sie im Mittelpunkt M der Strecke $\overline{AB}$ gleichzeitig gesehen werden können. Die Zeit ist dann definiert durch den Inbegriff der Angaben gleich beschaffener, relativ zu K ruhender Uhren, welche gleichzeitig gleiche "Zeigerstellung" aufweisen."; aber auch „... Uhren ... nach folgendem Schema gerichtet. Wird ein Lichtstrahl von einer dieser Uhren U_m, wenn diese Uhr t_m zeigt, durch den leeren Raum nach einer anderen Uhr U_n gesandt, die von der ersten die Entfernung r_{mn} besitzt, so soll die Uhr U_n bei der Ankunft des Lichtstrahls die Zeit $t_n = t_m + r_{mn}/c$ zeigen." [17]Marder stellt die von mir beschriebene Methode dar.

schwindigkeit der Vorgänge in Atomen beschleunigen und sich damit die Frequenz der Frequenzübergänge erhöhen. Wegen der Energieerhaltungssätze dürfte das aber nicht zu Veränderungen der Photonen führen, die schon unterwegs sind. Siehe dazu auch Kapitel 3.6 Schlussfolgerung der Weltraum expandiert.

Der Mensch in seinen Beschränkungen kann den Raum nur in einer Abhängigkeit von seiner Beobachtungsfähigkeit und seinem darüber Nachdenken, also abhängig von der Zeit, beobachten. Er kann diese Zeit auch nur durch räumliche Veränderungen wahrnehmen. Sei es, das ein Pendel schwingt, oder ein Cäsiumatom in einer Atomuhr. Er kann also in seiner Ich-Realität nur ein Raumzeit-Kontinuum beobachten. Seine Darstellung in der sprachlichen, mathematischen Realität kann also auch nur in raumzeitlich abhängigen, also vierdimensionalen Formeln erfolgen.

2.4 Was ist eine Sekunde?

Je komplexer unsere Gesellschaftsstruktur wurde, umso präziser mussten die Möglichkeiten einer Zeitangabe sein. Anfangs reichte ein Kalender, aber mit zunehmender Industrialisierung brauchte man auch präzise Tageszeiten. Also wurde der Tag in 24 Stunden, die Stunde in 60 Minuten und die Minute in 60 Sekunden geteilt. Damit war die Sekunde ein bestimmter Teil des Tages. Abgesehen von den allgemeinen Problemen der Zeit, was ist eine Sekunde?

Aus astronomischen Aufzeichnungen der letzten 2700 Jahre konnte man feststellen, dass der Tag zunehmend länger geworden sein muss. Damit hätte sich die so definierte Sekunde in dieser Zeit ebenfalls verändert. Im Durchschnitt pro Tag nur 17 µs, aber aufsummiert sind es doch etwa 6 Stunden, also von der Tageszeit her schon mit groben Beschreibungen der Himmelsbeobachtungen zu erkennen.

Um so kurze Zeiten zu messen, braucht man sehr präzise Uhren. Mit der Atomuhr haben wir ein sehr genau messendes Instrument gefunden. Damit kann man nun feststellen, dass es viel gröbere Schwankungen der Erdrotationsgeschwindigkeit gibt. Zum einen jahreszeitliche Schwankungen, aber auch andere, deren Ursache man nicht genau kennt. Damit ist die alte Sekundendefinition zu unpräzise geworden. Man hat eine neue Definition festgelegt. Ebenfalls von der Homepage der PTB entnommen:

"Die **Sekunde** ist das 9 192 631 770-fache der Periodendauer der dem Übergang zwischen den beiden Hyperfeinstrukturniveaus des Grundzustandes von Atomen des Nuklids ^{133}Cs entsprechenden Strahlung."

Schlichter ausgedrückt: 1 Sekunde s ist eine bestimmte Schwingungsanzahl des Cäsium-133 Atoms. Das reicht an Präzision aber noch nicht
aus. Eine Uhr geht auf dem Berg schneller als im Tal. Zusätzlich zu diesem Effekt gehen die Atomuhren in den Satelliten der Satellitennavigati-
onssysteme, durch ihre Bewegung den Lorentztransformationen entsprechend langsamer. Auf welche physikalische Bedingung des Cäsium-133-
Atoms bezieht sich jetzt die Definition?

1. Ist die Sekunde auf dem Berg kürzer, oder geht die Uhr auf dem
Berg schneller? Nach der Definition ist die Sekunde auf dem Berg kürzer, aber macht das einen praktischen Sinn? Wenn man an allen Positio-
nen auf der Erde die Definition gleichermaßen umsetzt, gehen die Uhren
alle unterschiedlich.

2. Auch würde eine zum bevorzugten Ruhesystem der Satellitennavi-
gationssysteme ruhende Uhr schneller gehen, als eine mit der Erdrotation
mitbewegte. Der Effekt ist auch noch abhängig vom Breitengrad, auf
dem sich die Uhr befindet. Der Effekt muss auch bei den bewegten Satelliten mitberücksichtigt werden.

Welches ist nun die richtige Sekunde? Die Universal Time Coordinated UTC, die Weltzeit sozusagen, wird aus einem Uhrenensemble gebildet, bei dem die Uhren alle mit Korrekturwerten versehen sind. Damit
zeigen die Uhren eine andere Anzahl an Schwingungsanzahl des Cäsi-
ums 133 als Sekunde an, als die der Definition entsprechende Anzahl.
Damit gehen die meisten, oder alle, bis auf vielleicht eine, falsch verglichen mit der Definition. Und was ist, wenn sich die Umgebungsbedingungen für die Referenzuhr verändern?

Wir haben auch damit das Problem der "Zeit an sich" nicht in den
Griff bekommen. Es gibt aber noch ein anderes grundsätzliches Problem:

Nehmen wir zwei auf Meereshöhe miteinander synchronisierte Präzi-
sions-Pendeluhren. Eine lassen wir auf Meereshöhe, die andere transpor-
tieren wir in 3000 m Höhe. Vergleichen wir die Uhren, kann man feststellen, dass die Uhr auf dem Berg langsamer geht. Vergeht hier nun die
"Zeit an sich" langsamer, oder ist meine Uhr nur wegen der anderen physikalischen Bedingungen langsamer geworden? Macht man das gleiche
mit Atomuhren, stellt man fest, dass die Atomuhr auf dem Berg schneller
geht. Auch bei dieser Uhr muss man fragen, ob die "Zeit an sich" schneller geht, oder nur mein Messgerät die Uhr wegen der anderen physikalischen Bedingungen schneller geht. Pendeluhr und Atomuhr verhalten
sich entgegengesetzt. Es zeigt sich, dass sich das Verhalten der Atomuhren, im für richtig befundenen Formelgerüst der Lorentztransformationen, besser mit den anderen astronomischen Messwerten vereinen lässt.

Auch entsprechen sie im Verhalten den Lichtuhren. Lichtuhren und damit vergleichbare Atomuhren[7] zeigen die Zeit innerhalb des geometrischen Gerüsts der Lorentztransformationen an. Zeigen sie damit aber auch die **richtige** Zeit an?

Die "Zeit an sich" könnte für alle Beobachter gleich vergehen, nur die Uhren gehen abhängig von ihrem Typ und den Umgebungsbedingungen unterschiedlich schnell.

Wie wird es praktisch gehandhabt mit den Uhren auf der Welt und im Besonderen in den Satellitennavigationssystemen? Hier werden alle Uhren auf eine einheitliche Zeit zurückgerechnet, die Universal Time Coordinated[8] UTC. Hier wird mit einer einheitlichen Zeit gerechnet und die Uhren so behandelt, als wäre die Geschwindigkeit der Cäsium-133-Schwingung unterschiedlich schnell, je nachdem wo sich die Uhren befinden und mit welcher Geschwindigkeit sie sich bewegen. Man hat festgestellt, dass es für das GPS auch ein bevorzugtes Ruhesystem gibt, zu dem die Erde rotiert. Man stört sich an diesem bevorzugten Ruhesystem nicht weiter, weil es sich um ein rotierendes System handelt, also um kein Inertialsystem, und es soll auch nur ein lokaler Effekt sein.

Es bedeutet aber, das ein Lichtsignal in Westrichtung geschickt, zwischen zwei auf der Erde ruhenden Beobachtern, weniger Zeit benötigt, als ein zwischen diesen in Ostrichtung zurückgeschicktes Lichtsignal.

Man könnte auch entlang der Erdbahn um die Sonne Spiegel positionieren und ein Lichtsignal in Bewegungsrichtung der Erde und gleichzeitig in entgegengesetzter Richtung senden, was einem großen Sagnac-Versuch entspräche, damit einem rotierenden System. Auch hier muss es ein bevorzugtes Ruhesystem geben, denn ein Lichtsignal in beide Richtungen der Umlaufbahn geschickt kann auch hier nur bei einem Beobachter wieder gleichzeitig eintreffen. Bei allen dazu bewegten Beobachtern geht das nicht.

Die lokale Gruppe Erde mit seinen Navigationssatelliten entspricht prinzipiell einem riesigen Michelson-Morley-Experiment (MME). Die geometrischen Verhältnisse in dem uns umgebenden Universum entsprechen unzweifelhaft den Lorentztransformationen. Daraus ergibt sich, dass auch der beim Umkreisen der Sonne auftretende Sagnac-Effekt keinen innerhalb der Satellitennavigation messbaren Effekt hat. Mehr dazu

---

7   Sie basieren im Prinzip auch auf dem Licht

8   [22] S.18: *Gegenwärtig basiert die TAI-Berechnung auf der Mitteilung der lokalen Zeitskalen von etwa 150 global verteilten Cäsiumatomuhren.* Das Prinzip hat sich auch heute noch nicht geändert. Über die Homepage der Physikalisch Technischen Bundesanstalt PTB www.ptb.de kann man weitere Informationen zur UTC finden.

im Kapitel 5.4 über die Methode zum Messen der Bewegung relativ zum Gravitationsfeld. Die Rotation der Erde wird festgestellt, aber die lineare Bewegung nicht.

Ich möchte dieses Kapitel abschließen mit einem Zitat von Einstein. Er hat sehr komplizierte Dinge sehr einfach ausdrücken können. Anhand dieses Zitates möchte ich deutlich machen, wo die Unterschiede liegen für die Raum-Zeit in der Naturrealität und der sprachlichen Realität. Was die Allgemeine Relativitätstheorie leistet, hat Einstein einem Reporter in einem einzigen Satz erklären können: "*Früher hat man geglaubt, wenn alle Dinge aus der Welt verschwinden, so bleiben noch Raum und Zeit übrig; nach der Relativitätstheorie verschwinden aber Zeit und Raum mit den Dingen*" [19]. Ich möchte das etwas relativieren und sage: Wenn alle Dinge aus der Welt verschwinden, so verschwinden auch die messbare Zeit und der messbare Raum. Der "Raum an sich" und die "Zeit an sich" könnten in der Naturrealität aber weiter unverändert bestehen bleiben. Das widerspricht nicht unbedingt Einsteins Ansichten. Er hat auch gesagt: "*Zeit ist, was man an einer Uhr ablesen kann.*" Wenn aber keine Uhr mehr existiert, dann existiert auch diese Zeit nicht mehr. Das hat nichts mit der "Zeit an sich" zu tun.

2.5 Gleichzeitige Ereignisse oder Ein-Ort-Ein-Zeit-Ereignisse

Einstein nannte die Ereignisse, wenn ein Zug durch den Bahnhof fährt und die Beobachter im Zug und auf dem Bahnsteig dabei auf ihre und die Uhr des anderen sehen, gleichzeitige Ereignisse. Es sind die Kreuzungspunkte der Weltlinien der Beobachter und der Uhren. Ich möchte sie etwas umfassender formulieren, und dabei stört mich der Ausdruck "gleichzeitig", denn er erinnert auch an gleichzeitige Ereignisse, die räumlich voneinander entfernt sind. Bei räumlich entfernten Ereignissen wird es bei der Zuordnung zu unterschiedlichen Beobachtern sehr kompliziert. Darauf möchte ich erst im nächsten Abschnitt eingehen. Hier möchte ich auf die Ereignisse eingehen, die nur an einem Raumpunkt und nur zu einem Zeitpunkt geschehen, darum nenne ich sie **Ein-Ort-Ein-Zeit-Ereignisse (EOZ)**.

Zwei Beobachter A und B begegnen sich und sehen dabei auf ihre Uhren. Dieses Ereignis ist für die Beobachter und ihre Uhren selbst nur an einem bestimmten Raumpunkt und einem bestimmten Zeitpunkt in ihren jeweiligen Weltlinien[9] geschehen. Das sind eindeutige Ereignisse, die so für alle Beobachter dieses Universums gelten. Alles, was die Beobachter

---

9   [22] S.79f, [24] S.63

jeweils vorher erlebt haben, ist für alle Beobachter auch vorher geschehen. Und das, was sie erst danach erleben, ist für alle Beobachter auch erst danach geschehen, unabhängig davon, wie sie dieses Ereignis ihrer eigenen Weltlinie zuordnen.

Das gilt im Prinzip auch für die räumliche Verteilung. Es ist nur schwieriger darzustellen. Nehmen wir eine Gummimatte, auf der wir Sonne, Mond und Erde zeichnen. Von der Erde aus soll der Mond in der entgegengesetzten Richtung zur Sonne stehen. In diesem Moment begegnen sich zwei Beobachter auf der Erde. Dann ist diese räumliche Verteilung für alle Beobachter die gleiche. Wie sie das Bild ihrer Eigenzeit und räumlich zuordnen, ist eine andere Sache.

Zerren wir jetzt den Mond so mit der Gummimatte um die Erde herum, dass er von außen betrachtet zwischen Erde und Sonne liegt. Für diesen äußeren Betrachter erschiene die Anordnung räumlich ganz anders. Aber auch für diesen Beobachter würde ein Lichtsignal, vom Mond zur Sonne gesendet, auf der Gummimatte den gleichen Weg am Erdbeobachter vorbei zur Sonne nehmen und nicht den für ihn kürzeren direkten Weg zur Sonne. Das Licht würde sich für ihn auf diesem Bild in Schlangenlinien bewegen.

Möglicherweise könnte dieser Beobachter auch ein Lichtsignal direkt vom Mond zur Sonne bewegen, was diesem Beobachter als direkt erschiene. Das könnte der Bewegung durch ein Wurmloch entsprechen. Wenn wir nicht die Energieerhaltungssätze kippen wollen, dann würde aber auch der Erdbeobachter dieses Lichtsignal vom Mond direkt senden können, welches dort in das Wurmloch tritt und sich dann direkt zur Sonne bewegt, ohne nochmals den Erdbeobachter zu passieren. Für den auf der Gummimatte befindlichen, wie den entfernten Beobachter würde es im Rahmen der Weltlinien die gleichen Ereignisabläufe geben. Für keinen Beobachter dieses Universums gibt es einen anderen Ablauf. Also auch für die Signale, die durch das Wurmloch gesendet werden. Ein Signal könnte ausgesendet werden, bei dem ein Teil normal über die Erde zur Sonne geschickt wird und ein anderer Teil durch das Wurmloch geschickt wird. Erreicht das Signal durch das Wurmloch die Sonne früher als das andere Signal, dann hätte es das auch für den Erdbeobachter. Aus seiner Sicht wäre das dann ein überlichtschnelles Signal.

2.6 Gleichzeitigkeit räumlich getrennter Ereignisse

Wie ich schon in Abschnitt 2.3 beschrieben habe, könnte es eine absolute Zeit geben. Diese würde dann auch jedem Ereignis eine bestimmte Zeit zuordnen, und es gäbe kein Problem mit der Gleichzeitigkeit räumlich entfernter Ereignisse. Egal ob es eine absolute Zeit gibt oder nicht, ein Beobachter innerhalb dieses Universums kann sie nicht messen. Die einzige Möglichkeit, mit der wir räumlich entfernte Ereignisse kausal zuordnen können, ist ein Signal aussenden, das bei dem anderen Ereignis reflektiert wird und wir wieder empfangen. In der Weltlinie des Signals ist das Ereignis der Reflexion kausal nach dem Aussenden und vor dem Empfangen geschehen und damit auch für alle Beobachter dieses Universums. Genauer können wir das nicht eingrenzen.

Jeder Versuch, das mit irgendwelchen Hilfskonstruktionen einzugrenzen, ist immer mit zusätzlichen Annahmen verbunden, die so aber gar nicht gelten müssen. Zum Beispiel ein Uhrentransport wäre an die Bedingungen geknüpft, dass die Uhr auf ihrem Weg konstant geht. Aus der Satellitennavigation wissen wir, so eine Uhr gibt es nicht. Jede Uhr die auf der Erde bewegt wird, wandert aus der Universal Time Coordinated Synchronisation heraus. Einsteins Gleichzeitigkeitsdefinition ist, wie der Name schon sagt, eine Definition, auch diese muss so nicht gegeben sein, sie ist nur eine hilfreiche messtechnische Einschränkung.

Prinzipiell gilt das auch, wenn man die Signale nur mit Schallgeschwindigkeit aussendet und für den Versuchsablauf und die Beurteilung keine schnelleren Signale zulässt. In diesem Geschwindigkeitsrahmen kommt es aber zu keinen relativistischen Effekten für den Gang der Uhren und den Meter. Natürlich kann man das mit einem schnelleren Signal stärker eingrenzen, aber nicht weiter als mit dem schnellsten Signal, das einem zur Verfügung steht. Jetzt also einem sich mit Lichtgeschwindigkeit ausbreitenden Signal. Innerhalb der Zeit-Raum-Schleife des schnellsten Signals bleibt die Gleichzeitigkeit frei wählbar, ohne dass es zu kausalen Widersprüchen führt.

2.7 Wechsel der Beobachterposition

Große Schwierigkeiten bereitet es, wenn man einen Ereignisablauf, den ein Beobachter festgestellt hat, aus der Sicht eines anderen Beobachters betrachten will. Sehr schnell hat man nicht nur die Position, sondern auch den Ereignisablauf verändert. Viele, die glauben, im Internet Widersprüche der SRT dargestellt zu haben, begehen diesen Fehler. Eine Möglichkeit, das zu vermeiden, ist es, sich an den Ein-Ort-Ein-Zeit-Ereignissen zu orientieren.

Man kann einen Ereignisablauf aus der Sicht eines Beobachters in einem Minkowskidiagramm darstellen. Mit diesen lassen sich die relativen Verhältnisse, wie sie durch die Lorentztransformationen beschrieben werden, anschaulich darstellen. Dann stellen alle Kreuzungen der Weltlinien von Beobachtern und von Lichtsignalen Ein-Ort-Ein-Zeit-Ereignisse dar. Verschiebt man die Raum- und Zeitachsen so, dass sich ein anderer Beobachter als ruhend betrachten kann, dann muss es auch aus seiner Sicht alle diese Punkte weiterhin unverändert geben.

Entstehen dann andere Ein-Ort-Ein-Zeit-Ereignisse, dann handelt es sich auch nicht um den gleichen Ereignisablauf. Beim Vergleich unterschiedlicher Ereignisabläufe, die man trotzdem als gleich darstellt, ist zwar alles an Ergebnissen möglich, die man sich ausdenkt, doch sie sind nicht korrekt. Sie sind nur in der sprachlichen Realität gegeben, in der durch diese Gleichstellung morsche Bretter in der kausalen Brücke übersprungen werden. Sie sind aber nicht Bestandteil der Naturrealität.

2.8 Linearität und Kausalität

Um Gedanken logisch zu entwickeln, müssen erst mal die **Grundlagen** festgelegt werden. Diese können für den Menschen sehr "vernünftig" sein, aber es gibt keinen Grund anzunehmen, dass sie deshalb auch richtig sein müssen. Wichtig ist, dass man sie klar formuliert. Dann sollte man die sich logisch daraus entwickelnden Schlussfolgerungen auch so darstellen, dass man erkennen kann, dass sie nur so lange gültig sind, wie die dazu gemachten Annahmen nicht widerlegt wurden. Findet man einen Grund, warum eine der Grundlagen falsch sein muss, ist es einfacher zu zeigen, welcher der Folgerungen die Basis für ihre logische Entwicklung fehlt.

Eine meiner grundlegenden Annahmen ist die Linearität der Weltlinien. Ich denke, es gibt eine materielle oder körperliche Kausalität in der Naturrealität. Das sind die Weltlinien einzelner identifizierbarer Strukturen. Diese können einzelne Atome oder Moleküle sein, aber auch Beobachter, Uhren sowie die Ausbreitung von Wellen eines Mediums. Dabei sind die Weltlinien linear. Das bedeutet, für einen bewegten Körper kann zu Zweien seiner räumlichen Orte auf der Weltlinie mit den dazugehörigen Zeiten immer ein Ort angegeben werden, der dazwischenliegt, und die dazugehörige Zeit liegt dann ebenfalls zwischen den anderen Zeiten. Es gibt also keine Raumsprünge oder Zeitsprünge.

Im Weiteren möchte ich mich auf die Aussendung von Informations-/Zeitsignalen beschränken, die eindeutig auf ihrem linearen Ausbreitungsweg räumlich und zeitlich durch Beobachter identifizierbar sind.

Im Kapitel 2.5 hatte ich schon die Wurmlöcher angesprochen, die ich nur für mathematische Folgerungen halte, die auch noch nicht beobachtet wurden. Solche Wurmlöcher würden eine Weltlinie für Informationssignale ermöglichen, die damit kausal mit höherer als Lichtgeschwindigkeit sich ausbreiten könnten. Damit könnte die räumliche Gleichzeitigkeit stärker eingeschränkt werden als mit Licht. Damit wäre eine Einstellung der Uhren, einer räumlichen Gleichzeitigkeit nach Einsteins Gleichzeitigkeitsdefinition entsprechend, kausal nicht für alle Beobachter möglich. Oder kausal könnten nicht alle Beobachter die Lichtgeschwindigkeit in allen Richtungen gleich groß messen.

Damit sind solche Wurmlöcher oder alle physikalisch kausal überlichtschnelle Informationssignale zulassenden Phänomene nicht mit einer tatsächlichen Konstanz der Lichtgeschwindigkeit zum Beobachter vereinbar, sondern nur mit dem konstanten Messwert der Lichtgeschwindigkeit mit Lichtuhren unter Lorentztransformationen Einsteins Gleichzeitigkeitsdefinition. Wie es bei der Rotation aussieht, bei der Ein-Ort-Ein-Zeit-Ereignis erzielt werden können, habe ich in den Kapiteln 4.4 und 5.2 dargestellt.

3. Grundsätzliche Probleme der Beobachtung

3.1 Einfluss der Bildung auf die Interpretation einer Beobachtung

Viele gehen ein auf das, was ich oben als die Realität des Ich beschrieben habe. Stellen wir ihr gegenüber die Außenwelt und machen deutlich, dass wir die Außenwelt nur durch die Brille unserer Erziehung und Bildung beobachten und diese im Wesentlichen durch die Erfahrung des Alltags geprägt wird. Aber wie sieht denn diese **Alltagserfahrung** aus. Im Alltag hat man eine Aufgabe zu erledigen, dabei will man erfolgreich sein, und das geht am schnellsten, wenn man nicht jeden Handgriff hinterfragt und sich ständig überlegt, ob es nicht anders besser ginge.

Manche, die nie gelernt haben Schreibmaschine zu schreiben, aber eine Tastatur benutzen müssen, entwickeln eine enorme Geschwindigkeit mit dem Zwei-Finger-Suchsystem. Sicherlich wäre das Zehn-Finger-Blindsystem das bessere. Versuchen sie das aber jetzt noch zu erlernen, sinkt die Leistungsfähigkeit drastisch, darum bleiben sie bei der alten Methode.

Zum Lösen intellektueller Aufgaben erlernt man eine andere Art von Handlungsbausteinen, mit denen man zügig zum Ziel kommt. Auch hier würde das ständige Hinterfragen dieser Bausteine Unsicherheit verursachen und das Arbeitstempo stark bremsen. Je erfolgreicher man mit solchen Bausteinen umgehen kann, um so erfolgreicher kann man auch mit seiner Argumentation sein. Um so größer ist aber auch die Gefahr, dass man in der Theorie die oben genannten morschen Bretter überspringt.

In der freien Wirtschaft sträubt man sich davor Benzin- und Dieselmotoren durch alternative Antriebe zu ersetzen, das würde Arbeitsplätze kosten. Auch gibt es keinen Abteilungsleiter, der feststellt dass seine Abteilung überflüssig ist und geschlossen werden sollte, denn damit wäre er arbeitslos und müsste auf neue Suche gehen. Auf der Suche nach dunkler Materie werden Milliarden Euro teure Forschungsprojekte betrieben, an denen auch viele Arbeitsplätze hängen. Welche Chance hätte in dieser völlig menschlichen Welt eine Theorie die die beobachteten Bewegungen von Sternen und Galaxien im Universum auch ohne dunkle Materie erklären könnte?

Wer in der Naturrealität eine Schlucht über eine Hängebrücke überqueren will und davon ausgeht, das alle Bretter stabil sind, wird bei dem ersten Irrtum eines Besseren belehrt und in die Tiefe stürzen. Er wird also jedes Brett prüfen, weshalb er sehr lange braucht, um die Brücke zu überqueren. Beim zweiten Mal wird er aber darauf vertrauen, dass die Bretter halten und nicht mehr jedes Brett prüfen.

In der sprachlichen Realität der Wissenschaften ist das aber sehr viel schwieriger. Hier werden die Brücken nur aus theoretischen Brettern gebaut. Auch diese kann man jedes einzeln prüfen, in dem man es hinterfragt. Aber nur im gesamten Zusammenhang bilden sie die Brücke. Sie dürfen nicht nur allein geprüft werden, was auf mathematischem Wege aber regelmäßig so geschieht. Sie müssen auch im gesamten Zusammenhang bewertet werde. Als Beispiel das Zwillingsparadoxon (siehe Kap. 4.6). Isoliert betrachtet sind beide Zwillinge mathematisch völlig gleichberechtigt. Aber egal in welche Richtung sich der raumfahrende Zwilling bewegt. Durch sein Inertialsystem bewegt sich nicht nur der andere Zwilling mit seiner Reisegeschwindigkeit, sondern ein ganzes Universum. Betrachtet man das ganze nur mathematisch beschränkt auf die Zwillinge, fällt einem das gar nicht auf.

Irrt man sich bei der Beurteilung eines der Bretter, wie bei dem Problem der Spinnenbeine, hat man ein morsches Brett in der Brücke. Beim theoretischen Überschreiten dieser Brücke wird man aber nicht hinabstürzen wie in der Naturrealität, sondern theoretisch problemlos die andere Seite erreichen.

Da sind wir bei Einsteins Äußerung, die heute noch genauso gilt wie vor 100 Jahren (soll aus dem Nachruf auf Ernst Mach 1916 stammen): *"Begriffe, welche sich bei der Ordnung der Dinge als nützlich erwiesen haben, erlangen über uns leicht eine solche Autorität, dass wir sie als unabänderliche Gegebenheiten hinnehmen. Sie werden zu Denknotwendigkeiten gestempelt. Der Weg des wissenschaftlichen Fortschritts wird durch solche Irrtümer oft für lange Zeit ungangbar gemacht. Es ist deshalb keine müßige Spielerei, wenn wir darin geübt werden, die geläufigen Begriffe zu analysieren. Dadurch wird ihre allzu große Autorität gebrochen."*

Im Prinzip können alle nicht überprüfbaren Annahmen und Grundvorstellungen zu solchen Dogmen werden. Sei es, dass die Lichtgeschwindigkeit absolut konstant **ist**, die allgemeine Rotverschiebung auf eine Expansion des Weltalls zurückzuführen ist, oder ob aus dem negativen Ausgang des Michelson-Morley-Experiments (MME) geschlossen wird, dass es keinen Äther gibt. Das Hinterfragen solcher Dogmen darf nicht zum Fahren auf Gleisen verkommen, das schon bei der Frage sicher zu dem bekannten Ziel führt.

Es wird vergessen,dass **Einsteins Postulate**[10]: "die Messung der Lichtgeschwindigkeit ergibt in jeder Richtung den Wert c"[11] und "durch keine physikalische Messung (auch nichtmechanische) ist ein prinzipieller Unterschied zwischen den zwei Inertialsystemen K und K' feststellbar"[12], ein Ersatz für die Annahme eines Äthers[13] ist. Aus seinen Postulaten hat Einsteins die Lorentztransformationen logisch abgeleitet. Lorentz selbst hat die nach ihm benannten Transformationen aus dem negativen Ausgang des MME und der Annahme eines Äthers abgeleitet. Hier gibt es eine Gleichberechtigung der Ideen.

Den Äther als Basis des Gedankengebäudes hat man abgelehnt, weil er Eigenschaften haben sollte, die man nicht finden konnte. Aber wie weit ist man heute mit den Eigenschaften des Lichts und der Gravitation. Noch weiter besteht ein Welle-Teilchen-Dualismus. Uns was ist das Gravitationsfeld? Hier sollen sich Wellen ausbreiten. Soll das eine Veränderung der Raumzeit sein. Dann muss die Raumzeit aber eine irgendwie geartete Struktur haben, zu der sich dann auch ein Beobachter bewegen kann. (Siehe dazu auch das Kapitel 3.8 über Welle und Teilchen) Relativ zu diesem Medium könnte sich dann auch das Licht mit konstanter Geschwindigkeit ausbreiten. Bei gleichen Messmethoden und den gleichen Formeln würde sich hier die gleichen Verhältnisse für die Messwerte ergeben. Prinzipiell sind die Ausgangsbedingungen vergleichbar mit denen

---

10 Auch Axiome der speziellen Relativitätstheorie genannt [4] S. 891

11 Konstanz der Lichtgeschwindigkeit [9] S.30, [10] S.11, [11] S.13, [17] S.19, [24] S 13

12 Relativitätsprinzip [11] S. 4, [10] S. 8, [17] S. 11, [24] S. 12

13 Medium, auf das das Bewegungsprinzip angewendet werden könnte

bei der Kiste, die auf der Erde steht, oder gleichmäßig durch den freien Raum beschleunigt wird. Wir müssen andere Beobachtungen zu Rate ziehen, um zu entscheiden welches die richtige Lösung ist.

Damit möchte ich keinesfalls das <u>Relativitätsprinzip</u> grundsätzlich in Frage stellen Aus Wikipedia entnommen heißt es: *"Das Relativitätsprinzip besagt, dass die Naturgesetze für alle <u>Beobachter</u> dieselbe Form haben. Einfache Überlegungen zeigen, dass es aus diesem Grund unmöglich ist, einen bevorzugten oder absoluten Bewegungszustand irgendeines Beobachters oder Objekts festzustellen. Das heißt, es können nur die Bewegungen der Körper <u>relativ</u> zu anderen Körpern, nicht jedoch die Bewegungen der Körper relativ zu einem **bevorzugten** <u>Bezugssystem</u>[14] festgestellt werden."*

Ich halte sie insoweit für richtig, dass der Mensch keine Bewegung zu einem absoluten Bezugssystem und damit einen absoluten Ruhezustand feststellen kann. Deshalb müsste es hier auch „zu einem **absoluten** Bezugssystem" heißen.

Ohne Bezugssystem kann man keine räumlich oder zeitlich voneinander entfernte Messungen vornehmen. Je nachdem was man messen will kann es dafür aber ein bevorzugtes Bezugssystem geben. Z.B. ein Bewegungszustand, bei dem aus dem CMB die als Bewegungsdipol vermutete Größe herausgerechnet wird. Dies wäre ein bevorzugter Ruhezustand gegenüber dem CMB, aber kein absoluter Ruhezustand. Hier soll es aber um das Feld gehen, zu dem sich die Gravitationswellen bewegen, also das Gravitationsfeld.

Die Schallgeschwindigkeit wird durch das Medium festgelegt, durch das sie transportiert wird. Deshalb kann man dieses Medium auch als bevorzugtes Bezugssystem beschreiben. Bewegt sich z.B. Luft oder Wasser zur Erde, wird man mit dem GPS für Hin- und Rückweg eines Schallsignals unterschiedliche Geschwindigkeiten messen, auch wenn die Schallgeschwindigkeit in beide Richtungen zum Medium gleich groß ist. Dieses bevorzugte Bezugssystem (Schallmedium) ist also nur für das beobachtete Phänomen der Schallbewegung gültig. Auch beim Schall gilt das Additionstheorem nicht. Bewege ich mich mit meiner Schallquelle, dann breitet sich der Schall trotzdem nicht mit einer anderen Geschwindigkeit aus.

Nur zu einem im Medium ruhenden Beobachter bewegt sich der Schall in alle Richtungen gleich schnell. Und die Schallgeschwindigkeit ist unabhängig von der Bewegung der Quelle oder des Empfängers.

---

14 Die hier hinterlegten links sind aus 2022. Sie könnten sich im Laufe der Zeit auch verändern.

Man stelle sich als Beispiel vor, in einem Concorde-Überschallflugzeug in der Druckkabine die Schallgeschwindigkeit zu messen. Wir senden ein Schallsignal vom Heck zur Pilotenkanzel. Dann startet das Flugzeug. In der Kabine darf sich der Druck natürlich nicht verändern. Man macht erneut die Messungen und stellt keinen Unterschied der Messwerte fest, obwohl sich das Schallsignal mit Überschallgeschwindigkeit relativ zur Erde bewegt. Hier sind keine neuen Naturgesetze erforderlich, und auch das Relativitätsprinzip ist nicht ungültig.

Zum Messen brauchen wir Messinstrumente. Wenn wir Messwerte vergleichen wollen, die an räumlich oder zeitlich unterschiedlichen Orten aufgenommen wurden, brauchen wir auch Messinstrumente die an den unterschiedlichen Orten vergleichbar messen. Wollen wir Bewegungsvorgänge messen, dann müssen wir Raum und Zeit gleichzeitig messen. Wie sieht es da allein mit den Uhren aus. In den Satellitennavigationssystemen, wie dem **Global Positioning System** (GPS), gibt es viele Uhren. Und all die Uhren gehen unterschiedlich, wenn sie die definierte Sekunde anzeigen, abhängig von ihrer Position im Gravitationsfeld und ihrer Bewegung z.B. im Satelliten. Sie werden alle über Korrekturwerte auf die Einheitszeit Universal Time Coordinated (UTC) oder Internationale Atomzeit (TAI) getrimmt. Mit diesem System lässt sich als Bezugssystem wunderbar navigieren. Hier sehe ich ein bevorzugtes Bezugssystem zu dem die Bewegung von Körpern ganz exakt angegeben werden können.

Die Mikrowellenhintergrundstrahlung ist ein Bezugssystem zu dem eine Bewegung gemessen werden kann. Das hilft uns aber nicht wirklich weiter. Wir wissen nicht, inwieweit die Mikrowellenhintergrundstrahlung mit dem Gravitationsfeld verbunden ist. Sie könnte eine Drift enthalten und sich gegen das Gravitationsfeld bewegen. Damit würde man die Bewegung zur Mikrowellenhintergrundstrahlung messen und nicht die Bewegung zum Gravitationsfeld. Das Gravitationsfeld könnte aber das entscheidende Bezugssystem für die Bewegung der Lichtphotonen sein.

3.2 Einfluss des Beobachters auf das Experiment und sein Ergebnis

In der modernen Physik gibt es viele Beobachtungen, die nicht so einfach in das bisherige Gedankengebäude eingepasst werden können. Die Quantenphysik bringt da Erstaunliches an Lösungsversuchen zutage. In diesen versteckt sich vieles in der Unbestimmtheit der Dinge. Eine Unbestimmtheit, die Einstein und Schrödinger Zeit ihres Lebens ein Unbehagen bereitete.

Die Quantenphysiker sagen, die Alltagserfahrung sei ungeeignet, die Vorgänge im Kleinen wie im Großen zu beurteilen. Darum könnten wir nicht von den Alltagserfahrungen auf die Bedingungen des Mikro- und Makrokosmos schließen. In unserem Alltag erscheine alles außerhalb des Menschen als bestimmt. Der Mensch müsse die Dinge nur beobachten und erfahre, wie sie sind. Im Mikrokosmos werden die Dinge aber erst durch die Messung des Experimentators bestimmt, ohne seine Messung wären sie unbestimmt.

Wie sehen die Erfahrungen in dem den Sinnen zugänglichen Alltagsbereich aus? Stellen Sie sich vor, Sie wollten eine Löwenfamilie beobachten, wie sie sich z.b. vor der Löwenhöhle sonnt und wie die Jungen spielen. Ich gehe davon aus, dass es ein klar bestimmter Ablauf ist, der auch ohne Beobachtung durch den Menschen in dieser eindeutigen und zu keinem Zeitpunkt unbestimmten Form abläuft. Trotzdem werde ich, wenn ich mit meiner surrenden Kamera zwischen den Löwen herumlaufe, nichts von all dem beobachten, sondern froh sein, wenn ich mit dem Leben davonkomme. Das hat aber nichts damit zu tun, dass der Vorgang ohne diese Beobachtung unbestimmt gewesen wäre, sondern ich habe ihn durch meine Beobachtung verändert. Wenn ich beobachten will, wie etwas in der Naturrealität abläuft, darf ich das nicht durch meine Beobachtung verändern.

Stelle ich nur einen Korb mit einer surrenden Kamera an einen Ort, von dem ich annehme, dass sich dort später die Löwen sonnen werden. So kann es trotzdem noch passieren, dass der Löwe den unbekannten, surrenden Korb attackiert und ein aggressives Verhalten zeigt, was er ohne mein Beobachtungsinstrument nicht täte. Eine Erfahrung die ein Tierfilmer gemacht hat.

Man muss den Einfluss durch die Beobachtung möglichst klein halten. Und man muss jederzeit sehr kritisch damit umgehen, ob man wirklich alle Einflussmöglichkeiten seiner Beobachtung auf den beobachteten Vorgang erfasst hat. Nur dann kann man das Ausmaß der Veränderung des Beobachtungsergebnisses durch die Beobachtung beurteilen.

Nehmen wir ein anderes Beispiel aus der unbelebten Naturrealität: Wir versuchen, die Bewegung eines fallenden Steins zu beurteilen. Dazu installieren wir zwei Lichtschranken übereinander. Oberhalb der oberen Lichtschranke lassen wir den Stein fallen, sodass er beide Lichtschranken passiert. Man kann den Abstand der Lichtschranken verändern oder mehrere Lichtschranken verwenden und so verschiedenste Messungen zur Fallbewegung des Steins gewinnen. Es soll hier aber nicht um die Beurteilung der Fallbewegung des Steins an sich gehen, sondern um das Prinzip des Messens.

Wird ein Körper mit Licht bestrahlt, ändert er unzweifelhaft seinen Bewegungszustand. Ist es ein Atom allein, ist dieser Effekt sehr groß. Ist es ein großer Stein, verändert die Lichtschranke die Bewegung des Steins aber nur unterhalb der Messgenauigkeit. Dadurch scheint der Vorgang durch unsere Beobachtung nicht beeinflusst zu werden. Wir dürfen aber nicht dem Irrtum unterliegen, dass unsere Messung den Vorgang nicht verändert. Abgesehen von Fällen wie der Beobachtung der Löwenfamilie, wird im Alltagsleben ein Vorgang, dadurch dass wir ihn beobachten, meist nur unterhalb der Messgenauigkeit verändert, aber es ist prinzipiell nicht anders als bei der Beobachtung der Bewegung eines Atoms. Damit können wir aus der Alltagserfahrung mitnehmen: Egal wie viel Mühe wir uns geben, wird ein Vorgang immer allein dadurch verändert, dass wir ihn beobachten. Im Alltagsleben können wir diese Veränderung aber relativ einfach unter der Messgenauigkeit halten, wodurch sie sich in der Beschreibung in der sprachlichen Realität nicht mehr auswirkt.

Wie sieht es aus, wenn wir solche Möglichkeiten wie eine Lichtschranke gar nicht hätten und die Bewegung des Steins nur dadurch feststellen könnten, dass er beim Passieren der Messstelle einen anderen Stein bewegt? Beim Zusammenstoß würde er seine Richtung ändern und an der unteren Schranke gar nicht ankommen. Natürlich könnte man jetzt darüber philosophieren und eine Relation erfinden, die besagt, dass man einen Stein entweder nur an der oberen oder aber nur an der unteren Stelle messen kann, aber nicht an beiden. Im Alltagsleben können wir die Augen wieder aufmachen und sehen, dass der Stein durch unsere Messung einen anderen Weg genommen hat. Man kann dem Effekt auch mit geschlossenen Augen näher kommen, indem man den ganzen Boden mit Messstellen pflastert und dann doch das Eintreffen des Steines misst. Das macht man aber nur, wenn man sich Gedanken über den Verbleib des Steins macht und sich nicht damit begnügt, dass er sich bei der ersten Messung aufgelöst haben könnte. Eine etwas provokante Interpretation, aber ich denke solche makroskopischen Beispiele könnten helfen, bei der Interpretation von Lichtphänomenen kritisch zu bleiben.

Nimmt man eine Lampe, die einzelne Photonen aussendet, dann ist da ein riesiger Strauß an Fragen

Wie kann gemessen werden, wann das Photon losfliegt?

Wie kann ich messen, wo es entlang fliegt?

Wie kann sichergestellt werden, dass ein an der ersten Station gemessenes Photon noch dasselbe ist, welches an der zweiten Station gemessen wird?

Und ich frage: Kann man den Weg und den zeitlichen Ablauf der Bewegung als unbestimmt betrachten, nur weil es bis heute keine Möglichkeit gibt, die Bewegung eines Photons zu beobachten, ohne den Vorgang in einer ganz massiven Weise zu beeinflussen?

Dazu möchte ich den Versuch aus dem den Sinnen zugänglichen Bereich etwas verändern, um das Problem etwas zu verdeutlichen. Jeden Stein kann man mit Farben oder Zeichen markieren, und auch wenn ein ganzer Sack voll Steine auf einmal auf Reisen geschickt wird, kann man mit einer Hochgeschwindigkeitskamera den bestimmten eindeutigen Weg eines jeden Steins verfolgen, was bei einem Laserimpuls für jedes Photon völlig unmöglich wäre.

Lassen wir jetzt statt des Steins einen Wassertropfen fallen. An den Messstationen sollen sich die Steine befinden und keine Lichtschranken. Wir messen den Effekt, den der Wassertropfen am Stein als Messstation hinterlässt. Weil der Stein noch trocken ist, bleibt der Tropfen darauf hängen. Egal wie viel Messstationen auf dem Boden aufgestellt werden, der Tropfen wird nicht mehr gemessen, weil er sich sozusagen tatsächlich aufgelöst hat. Der zweite Tropfen vermischt sich mit dem ersten auf dem Stein und tropft wieder von ihm ab. Diesen kann man an der unteren Station messen, aber auch wenn er die gleiche Anzahl an Molekülen enthält, ist er nicht mehr derselbe, da sich beim Mischen mit den Molekülen des ersten Tropfens auf dem ersten Messstein eine andere Zusammensetzung ergeben hat. Damit ist der Tropfen, der an der zweiten Messstation ankommt, dem losgeschickten Tropfen gleichwertig, aber nicht derselbe. Es wird deutlich, wenn der erste Tropfen blauen Farbstoff enthält, der zweite gelben Farbstoff und bei der zweiten Messung unten ein grüner Tropfen ankommt.

Wird ein grünes Lichtphoton abgeschickt und ein rotes gemessen, weiß man, es ist nicht dasselbe, sondern verändert. Ist ein rotes Photon abgeschickt und auch ein rotes gemessen, wie kann man sicherstellen, dass es dasselbe und nicht nur ein gleichwertiges Photon ist? Noch schwieriger wird es, wenn ein Raumfahrer mit seiner Photonenlampe ein grünes Photon abschickt und der zurückgebliebene Beobachter ein rotes Photon misst. Ist es dasselbe Photon? Wenn wir davon ausgehen, dass es dasselbe Photon ist, ist es auch gleichwertig? Hier sind wir noch weit weg von relativistischen Problemen. Die gleiche Frage gibt es auch im Alltagsleben, auch wenn wir uns die Frage da gar nicht so stellen. Ein

Junge wirft einen Stein gegen eine Scheibe. Das gibt nur ein Geräusch. Nun fährt er mit seinem Motorrad auf die Scheibe zu und wirft in gleicher Technik den Stein noch mal, dabei geht die Scheibe zu Bruch. War das jetzt derselbe Stein? Die Frage ist klar mit ja zu beantworten, aber ist der Stein auch gleichwertig?

Schlussfolgerung: Im Alltagsleben wird jeder Vorgang allein dadurch beeinflusst, dass wir ihn beobachten. Hier können wir den Einfluss meist problemlos in einer für die Beschreibung des Beobachtungsergebnisses unterschwelligen Größe bringen. Für den Mikrokosmos gilt im Prinzip das gleiche, nur dass hier der Einfluss durch die Beobachtung bei unseren heutigen Möglichkeiten immer das Beobachtungsergebnis in einer relevanten Größenordnung verändert.

3.3 Die tatsächliche Beobachtung

Aus der "Realität des Ich" wird ein Vorgang der Naturrealität beobachtet. Ein Apfel fällt vom Baum. Das machen alle Äpfel, keiner der Äpfel schwebt in den Himmel. Je größer die Höhe ist, von der er fällt, umso heftiger ist der Aufprall. Wird der Apfel in die Luft geworfen, bewegt er sich auf einer bestimmten Bahn, die als Parabel bezeichnet wird. Am Himmel bewegen sich die Planeten und Kometen in bestimmten Bahnen um die Sonne. Je besser die Mittel zum Beobachten und Messen sind, umso exaktere Messergebnisse ergeben sich. Mehrere solcher tatsächlichen Beobachtungen sollen hier beispielhaft aufgeführt werden.

1) Das **Michelson-Morley-Experiment** ist auch eine solche tatsächliche Beobachtung. Der Versuchsaufbau ist klar definiert. Und es wurde mit allen mit dem Michelson-Morley-Experiment vergleichbaren Versuchsaufbauten kein Effekt festgestellt. Dabei kann man annehmen, dass er nicht von vornherein nicht dazu in der Lage ist, etwas zu messen, denn verschiebt man den Spiegel an einem der Messarme, so kann man ein klare Veränderung der Interferenzstreifen beobachten. Man kann auch einen Arm ganz kurz machen, das ändert nichts am negativen Ausgang des Versuchs. Es entspricht dem Kennedy-Thorndike-Experiment[17]. Man kann den Arm auch ganz weglassen, dann entspricht das einer Lichtuhr.

Wenn die relativen Verhältnisse im uns umgebenden Universum den Lorentztransformationen entsprechen, dann müssen beide Experimente auch bei einer Beschleunigung in einer Rakete negativ ausfallen.

Man kann den Versuchsaufbau aber noch weiter reduzieren auf ein **Einweg-Michelson-Morley-Experiment**. Hier wird am Ende des Armes kein Spiegel montiert, sondern ein anderer Laser. Die Signale beider Laser werden jeweils an beiden Enden zur Interferenz gebracht. Bei der

Präzision der heutigen Uhren kann man auch Uhren an den Enden des Armes aufbauen, die Zeitsignale aussenden und dann mit der Uhr am anderen Ende vergleichen. Diese beiden Zeiten kann man dann zur jeweils anderen Uhr wieder zurückschicken. Auch dieser Versuchsaufbau bleibt negativ, wenn er langsam gedreht wird.

Eine Beschleunigung in Richtung der Achse des Versuchs hat keinen Einfluss auf das Wiedereintreffen der eigenen Signale, die bei der anderen Uhr reflektiert wurden. Die Zeitdifferenz bleibt konstant. Aber die in Beschleunigungsrichtung vordere Uhr stellt ein immer späteres Eintreffen der Zeitsignale fest und die hintere Uhr ein immer früheres Eintreffen der Signale. Das macht sich auch in einer Veränderung der Zeitdifferenz bemerkbar, die zwischen dem eigenen reflektierten Zeitsignal und dem Zeitwert von der Uhr vom Reflektionsort entsteht. Das folgt logisch aus den Lorentztransformationen.

2) Der **Ton einer Schallquelle** hört sich tiefer an, wenn sie sich entfernt und höher, wenn sie näher kommt. Aber auch wenn der Hörer sich von der Schallquelle wegbewegt, hört er den Ton tiefer und wenn er sich darauf zubewegt, wird der Ton höher. Gleiches gilt, wenn sich eine Radio- oder Lichtquelle auf einen Empfänger zubewegt oder von ihm wegbewegt. Oder andersherum sich der Empfänger bewegt. Abhängig von der relativen Geschwindigkeit ändert sich die gemessene Frequenz des Schalls, der Radiowellen oder der Lichtphotonen. Das wird auch **Doppler-Effekt** genannt.

Man kann **Licht** einer glühenden Quelle an Prismen auffächern und erhält ein **Spektrum** von Infrarot bis Ultraviolett. Wird das Licht vorher durch ein kaltes Gas geleitet, so werden von den im Gas vorhandenen Atomen oder Molekülen Photonen bestimmter Wellenlänge absorbiert. Dadurch entstehen schwarze Linien in dem Spektrum. Besteht das Gas nur aus einer Art von Atomen oder Molekülen, entsteht ein für dieses Gas ganz typisches Linienmuster. Mischt man mehrere dieser Gase, treten diese Linienmuster alle miteinander auf, es kommt aber nicht zu einer Verschiebung einzelner Linien. So kann man aus dem Linienmuster auf die Gase schließen, durch die das Licht gefallen ist.

Auf der Erde kann man weißes Licht durch Wasserstoffgas schicken und untersuchen. Das dabei auftretende Spektrallinienmuster ist auch bei der Untersuchung des Lichts aller Sterne und Galaxien festzustellen. Aber man kann auch feststellen, dass dieses Muster beim Vergleich mit dem auf der Erde gewonnenen **Spektrallinienmuster** des Wasserstoffs **nicht immer an gleicher Wellenlängenposition** ist. Es kann sowohl zum blauen, als auch zum roten Licht des Spektrums verschoben sein.

Die Entfernungsbestimmung in der Astronomie ist nicht ganz einfach. Aber im Allgemeinen kann man feststellen, **je schwächer das Licht einer Galaxie** ist, das uns erreicht, **umso weiter ist sie von uns entfernt** und umso stärker sind in ihrem Licht die Spektrallinien zum Roten hin verschoben.

All diese Beobachtungen sind **<u>eindeutige Beobachtungen</u>** und in ihrer Art wiederholbar. Sie können auch durch Veränderung des Versuchsaufbaus auf unterschiedliche Art gemacht werden. Bei den astronomischen Beobachtungen kann zwar der Versuchsaufbau nicht verändert werden, aber bei gleichem Aufbau der Messvorrichtung kann auch immer wieder das gleiche Ergebnis hervorgerufen werden. So können sie als eindeutige tatsächliche Beobachtung dargestellt werden.

3) Mischt man bestimmte Stoffe in einem bestimmten Verhältnis erhält man **Schwarzpulver**. Wird es in einem Gefäß komprimiert und angezündet, knallt es. Noch eine tatsächliche Beobachtung, auf die ich zum Vergleich noch eingehen werde.

3.4 Beschreibung der Beobachtung in der sprachlichen Realität

Die gemachten Beobachtungen, genauer die Messwerte, lassen sich in Formeln zusammenfassen, die man dann Gesetze nennt: Für das Fallen des Apfels die Fallgesetze, für die Bewegung der Planeten die Newtonschen Gravitationsgesetze, für die Schallphänomene die Gesetze nach C. Doppler, nach dem auch der Doppler-Effekt benannt wird. Er hatte diese Formeln entwickelt, die die gemessenen Frequenzen beschreiben. Bei den langsamen Schallphänomenen, die über ein Medium wie Gas oder eine Flüssigkeit transportiert werden, stellt man fest, dass es einen Unterschied macht, ob sich die Schallquelle oder der Empfänger zum Medium bewegen. Entsprechend unterschiedliche Formeln müssen verwendet werden. Beim Licht ist es etwas anders. Beginnen wir mit einer konstanten Entfernung zwischen Lichtquelle und Empfänger. Wenn jetzt die Lichtquelle oder der Empfänger unter Energieaufwand diesen Zustand ändert, ist für beide der Effekt bei Eintreffen der Signale nach der Änderung beim Beobachter der selbe. Nur wenn der Beobachte beschleunigt, tritt der Effekt sofort ein, wenn der Sender beschleunigt, erst wenn die Signale nach der Beschleunigung des Senders beim Empfänger eingetroffen sind. Hier braucht man jeweils nur eine Formel für die Beschreibung der Änderung der Frequenzmesswerte, abhängig davon, ob sie sich einander annähern oder voneinander entfernen.

Mit diesen Beschreibungen oder Formeln, die man auch Gesetze nennt, lassen sich Vorhersagen für Messungen in anderen Situationen machen. Bei den Fallgesetzen stellt man fest, dass sie so in ihrer Form nur gelten, wenn der Fallweg relativ kurz ist, im Verhältnis zum Abstand zum Mittelpunkt der Masse, die idealerweise punktförmig sein sollte. Ist der Weg groß, muss man zu den Gravitationsgesetzen übergehen. Aber auch hier sollten die Massen idealerweise punktförmig sein und nicht rotieren. Planeten und besonders die Sonne sind aber nicht punktförmig und sie rotieren auch.

Bei genauerer Messung hat man eine Periheldrehung des Merkurs festgestellt. Diese wird durch Newtons Gravitationsgesetze nur teilweise beschrieben. So musste man zu Einsteins Allgemeiner Relativitätstheorie übergehen, die in der Lage ist, auch den restlichen Effekt zu beschreiben. Aus diesen Formeln geht außerdem hervor, dass auch die Rotation der Erde einen Effekt hervorruft, den man Lense-Thirring-Effekt oder Schiff-Effekt[15] nennt, den man jetzt auch nachgewiesen hat. Die Frage ist: Hat man jetzt das Wesen der Gravitation erkannt?

Eine Frage zum Vergleich: Wenn man in einer Formel darstellt, wie viel Gramm eines Stoffs mit wie viel Gramm der jeweils anderen Stoffe gemischt werden muss, hat man dann das Wesen und die Funktionsweise des Schwarzpulvers erkannt?

Einstein hielt die Periheldrehung des Merkurs und den Lense-Thirring-Effekt nur für Überlagerungen des Gravitationsfeldes. Ich halte sie für dynamische Veränderungen des Mediums Gravitationsfeld, auf das der Bewegungsbegriff angewendet werden kann. Anders als Einstein es in seiner Rede am am 5. Mai 1920 an der Reichs-Universität zu Leiden beschrieben hat. Über das er am Ende seines Lebens vielleicht auch anders gedacht hat. Die Formeln mit denen man die Messwerte berechnen kann verändern sich dadurch nicht.

3.5 Schlussfolgerungen aus den formelmäßigen Darstellungen

Nun kommen wir zu dem, was eigentlich gar nicht beobachtet wird, was aber unter zusätzlichen Annahmen aus dem Beobachteten geschlossen wird. Da die Annahmen so nicht stimmen müssen, gilt das auch für die Schlussfolgerungen.

Die Lichtgeschwindigkeit wird mit idealen Uhren immer als konstant gemessen. Das gilt aber nur für Hin- und Rückweg gemeinsam. Den einfachen Weg kann man nicht eindeutig messen. Unter zusätzlichen Annahmen, wie der Einstein'schen Gleichzeitigkeitsdefinition, kann man auch den einfachen Weg messen, aber die Messwerte sind nur so richtig wie auch die Definition. Einstein weicht dem aus und postuliert die Aussage: Die Lichtgeschwindigkeit hat zu einem Beobachter in alle Richtungen den konstanten Wert c.

Bisher hat man keine Messung gemacht, mit der man einen Unterschied zwischen K und K' festgestellt hätte. Auch diese Feststellung verallgemeinert Einstein in seinem zweiten Postulat: Es gibt keine physikalische Messung mit der ein Unterschied zwischen K und K' festgestellt werden kann. Aus diesen Postulaten hat Einstein ja bekanntermaßen logisch die Lorentztransformationen abgeleitet, mit denen die Messwerte des jeweils anderen Systems errechnet werden können.

Lorentz selbst geht davon aus, dass es einen Äther gibt, zu dem das Michelson-Morley-Experiment (MME) bewegt wird. Aus dieser Annahme und dem negativen Ausgang des MME hat er logisch die Lorentztransformationen entwickelt. Beide Vorstellungen stehen so erst mal jeweils logisch in sich geschlossen nebeneinander. Allein durch die Mathematik der Lorentztransformationen ist nicht zu entscheiden, welche der Vorstellungen die richtige ist.

Für Einsteins Lösung hat man sich entschieden, weil der Äther Eigenschaften haben sollte, die man nicht messen konnte. Aber wo stehen wir heute? Es gibt weiter den Welle-Teilchen-Dualismus. Siehe dazu auch Kapitel 3.8.

Man glaubt an die Existenz dunkler Materie, die nur die Eigenschaft hat, die Formeln zu ergänzen, aber sonst nicht feststellbar ist. Sollte da nicht auch die Möglichkeit bestehen, einmal anzunehmen, dass es einen „Äther" gibt, der genau nur die beobachteten Eigenschaften hat? Z.B. das Gravitationsfeld, das in etwas abgewandeltem Sinne E. Machs gebildet wird aus den Feldern der Masseteilchen und das auch auf diese zurückwirkt[15]. Das erklärt auch warum träge gleich schwerer Masse ist. So stark wie sich eine Masse einer Bewegungsänderung gegenüber dem Gravitationsfeld entgegen setzt durch ihre träge Masse, zieht es auch selber daran, als Schwere Masse, wie man an den Enden eines Seils zieht.

Dabei ist es nicht nur ein einfaches Seil, sondern ein sich dreidimensional auffächerndes Seil (besser müsste man von einem Kraftwirkungsprinzip sprechen), weshalb die Zugkraft mit dem Quadrat der Entfernung abnimmt. Anders verformt eine schwere Masse das Gravitationsfeld, weshalb dieses für eine daneben befindliche Masse einen ungleichen Zug bedeutet, weshalb es sich in die Richtung der Anderen Masse bewegt, oder um diese herum kreist.

---

15 [9] S.58: „... *E. Mach...Nach ihm sollte ein isolierter Massenpunkt sich nicht gegen den Raum, sondern gegen das Mittel der übrigen Massen der Welt beschleunigungsfrei bewegen; ...*"

Wegen dieses Kraftwirkungsprinzips können Masseteilchen auch nur bis an die Lichtgeschwindigkeit heran zum Gravitationsfeld beschleunigt werden und die masselosen Lichtphotonen bewegen sich dazu genau mit Lichtgeschwindigkeit.

Wenn man das Bewegungsprinzip auf das Gravitationsfeld zulässt und es als Medium betrachtete, würden Lösungen möglich werden, die auf die dunkle Materie verzichten können. Dann würde sich auch das Zwillingsparadoxon (siehe Kap. 4.6) logisch anschaulich erklären lassen. Auch die Überlichtgeschwindigkeit würde dann zu keinen kausalen Problemen führen. Sicher ist, die absolute Konstanz der Lichtgeschwindigkeit ist unvereinbar mit einer kausal wirkenden Überlichtgeschwindigkeit, egal auf welcher Basis. Damit ließe sich ein Unterschied zwischen K und K' messen. Damit wären die Postulate zur SRT widerlegt.

3.6 Eine besondere Schlussfolgerung:Der Weltraum expandiert

Wie aus Beobachtungen Schlussfolgerungen werden, für die weitere Annahmen gemacht werden müssen, aber mit der Zeit als Tatschen dargestellt werden.

Aus Beobachtungen können zusammen mit weiteren Annahmen Schlussfolgerungen gezogen werden. Man muss aber immer klarstellen, dass die Schlussfolgerungen nur so richtig sind wie die weiteren Annahmen. Vergisst man das, können mit der Zeit die Schlussfolgerungen als Tatsachen dargestellt werden. Das möchte ich am Beispiel der Weltraumexpansion darstellen. Dazu gliedere ich die Abschnitte in:

A) Die Beobachtung
B) Die formelmäßige Beschreibung
C) Die Schlussfolgerung
D) Die Probleme

1) Helligkeit einer Lichtquelle (Lampe, Stern, Supernova)

A) Beobachtung: Zunächst die Beobachtung oder Entdeckung selbst, die als solche aus einer wiederholbaren Beobachtungstatsache oder eines Ereignisablaufs besteht. Nehmen wir ein Messgerät, mit dem man die Helligkeit einer Lichtquelle messen kann und eine Kerze oder Lampe. Im Labor stellen wir Messgerät und Lichtquelle in unterschiedlichen Entfernungen auf und **messen** jeweils die Helligkeit. Man stellt fest je weiter die Lichtquelle entfernt ist, je dunkler erscheint sie.

B) formelmäßige Beschreibung: Dann kann man den Messwert der Helligkeit und der Entfernung in einem **formelmäßigen Zusammenhang** darstellen. Das kann man auch außerhalb des Labors auf der Erde überprüfen und sogar in unserem Sonnensystem. Hier können wir durch unterschiedliche Konstellationen der Planeten die Entfernungen recht gut bestimmen. Heutzutage sogar durch die Laufzeitmessung von Funksignalen zu Raumsonden und zurück. Auch hier wird die entwickelte Formel immer wieder bestätigt.

C) Schlussfolgerung: Man kann schlussfolgern: Wenn man weiß, wie hell eine Lichtquelle auf der Erde sein würde, kann man aus ihrer Helligkeit mit Hilfe dieser Formel den Abstand bestimmen.

D) Probleme: Über diesen Nahbereich hinaus, in dem man die Behauptung auch mit anderen physikalischen Methoden überprüfen kann, wird es aber schwierig, die Entfernungen zu bestimmen. Innerhalb der Milchstraße oder sogar zu anderen Galaxien ist es unmöglich, auf geometrischem Wege die Entfernungen exakt zu bestimmen. Auch können wir keine ausgesendeten Signale nach Reflektion wieder empfangen. Aber man hat festgestellt, dass es ganz bestimmte Sterne gibt, die in einer ganz bestimmten Helligkeit strahlen. Wenn diese Helligkeit bei diesen Sternen immer gleich ist, kann man aus dem Messwert dieser Helligkeit, auch scheinbare Helligkeit genannt, und der Formel, die man im Nahbereich entwickelt hat, auf die Entfernung dieses Sternes schließen. Ein Analogieschluss, der nur so richtig ist wie die Annahme, dass sich an dem Verhältnis auch auf großen Distanzen nichts ändert. Diese Annahme konnte bisher von der Menschheit nicht mithilfe anderer Messtechniken überprüft werden und darum muss die Entfernungsangabe zu diesem Stern als Annahme deutlich gemacht werden.

Ich hatte schon im Kapitel 1.3 dargestellt, dass eine Formel zur Temperaturbestimmung mit einer Alkoholsäule nicht in den Extremen ihre Gültigkeit behält. Das gilt für die Formel für die Entfernungsbestimmung aus der Helligkeit zumindest im kurzen Bereich ebenso. Die Helligkeit nimmt zu, mit abnehmendem Abstand der Lichtquelle.

$$E = 1 / r^2$$

mit Beleuchtungsstärke E in Lux (lx), Lichtstärke l in Candela (cd), Abstand r in Meter (m).

Je kleiner r wird, um so größer ist die Beleuchtungsstärke. Ist r nur noch einen Mikrometer groß, dann ist der Formel nach die Beleuchtungsstärke schon riesig und nähern wir uns 0, dann ist die Beleuchtungsstärke unendlich. Hier haben wir sozusagen eine mathematische Singularität. Wir müssen uns nur dem Abstand 0 zu einer Lichtquelle nähern und all unsere Energieprobleme wären gelöst.

Das ist natürlich Unfug. Man muss nur mal versuchen sich einer Kerzenflamme auf einen Mikrometer zu nähern.

Das unsinnige liegt daran, dass die Formel ihre Gültigkeit verliert, sobald sich Lichtquelle und Messgerät so nah kommen, dass sie sich gegenseitig beeinflussen. Warum sollte es auf galaktischen Distanzen nicht auch Veränderungen geben, wodurch Formeln in diesen Dimensionen nicht mehr gültig wären? Die Helligkeit könnte außerhalb der Galaxie viel schneller abnehmen und die Entfernungen viel geringer sein als angenommen. Ich glaube nicht, dass es so ist, aber so lange man das nicht mit anderen Methoden überprüft hat, darf man solche Entfernungsbestimmungen nur als Arbeitsgrundlage verwenden und nicht als Tatsache hinstellen. Überprüfen heißt in diesem Fall, dass man z.B. mindestens den halben Weg zu einer anderen Galaxie zurückgelegt hat und dort die Helligkeit der Sterne gemessen hat. Zur Überprüfung braucht man zumindest eine Entfernungsbestimmung auf einer völlig anderen physikalischen Messtechnik.

Der Vergleich mit einer anderen Entfernungsbestimmung auf physikalisch gleicher Basis ist unzureichend, da für diese das gleiche gelten würde. Erst wenn Entfernungsbestimmungen auf physikalisch unterschiedlichen Messmethoden beruhen und diese unabhängig voneinander die gleichen Werte liefern, ist es berechtigt, die Entfernungen als gegeben anzunehmen. Aber auch dann sollten sie keine Dogmen werden.

2) Spektrallinien und ihre Verschiebung

A) Beobachtung: Bei der Untersuchung des Sternenlichts stellt man fest, dass die Spektrallinien umso mehr rotverschoben sind, je weiter die Lichtquelle von uns entfernt ist. Eine Beobachtungstatsache, unabhängig von irgendeiner Theorie.

Weiter kann man Versuche machen, bei denen Lichtquelle und Empfänger beide räumlich genauer beobachtet werden können, insbesondere ihr Abstand und ihre Bewegung. Bei unterschiedlichen Versuchsbedingungen, stellt man abhängig von der Bewegung der Lichtquelle oder des Beobachters eine Rot- oder Blauverschiebung des Lichts fest. Diese Beobachtung für sich ist ebenfalls eine eindeutige Tatsache.

B) formelmäßige Beschreibung: Die in Versuchen wiederholbar dargestellte Rot- und Blauverschiebung im Nahbereich wird in einer Theorie beschrieben, die wir Doppler-Effekt nennen und diese Rot- oder Blauverschiebung wird in entsprechenden Formeln dargestellt.

C) Schlussfolgerung: Wir übertragen diese Theorie auf die Beobachtung der Rotverschiebung der Spektrallinien bei weit entfernten Galaxien und schließen daraus, dass sich die Galaxien alle voneinander entfernen. Je weiter sie von uns weg sind, umso stärker ist die Rotverschiebung der

Spektrallinien, also entfernen sie sich umso schneller von uns. Daraus wird die **Schlussfolgerung gezogen: Der Weltraum expandiert.**

D) Probleme: Hier muss der Beobachter wachsam bleiben, denn man könnte die Verschiebung der Spektrallinien falsch interpretieren. An sich scheint es eine ganz einfache Sache zu sein. Sie ist aber mit vielen Annahmen verbunden, die wir stillschweigend als selbstverständlich annehmen. Wir gehen davon aus:
- dass die Atome in ihrem Sein konstant sind,
- dass die Zeit konstant ist,
- dass die Lichtgeschwindigkeit konstant ist,
- dass Lichtphotonen sich als eine Art Perpetuum Mobile über Jahrmilliarden unverändert weiterbewegen.

Aber stellen wir uns vor, **Licht würde auf seinem Weg langsam an Energie verlieren.** Das würde bei der Geschwindigkeitsmessung von Fahrzeugen mit der Laserpistole keine Rolle spielen. Aber in astronomischen Größenordnungen, wenn das Licht über Milliarden Jahre unterwegs ist bis zu uns, könnte das auch die allgemeine Rotverschiebung erklären, ohne dass sich Lichtquelle und Empfänger voneinander entfernen. Aus meiner Sicht eine eher nicht anzunehmende Lösung.

Die Definition des Meters hat im Laufe der Zeit mehrere Wandel erfahren. Von dem ursprünglichen Metallstab mit zwei Kerben ist es jetzt die Strecke, die das Licht in einer 1/299 792 458 Sekunde zurücklegt. Unverändert bleibt das Meter nur, wenn die Lichtgeschwindigkeit und die Sekunde konstant sind.

Die **Lichtgeschwindigkeit könnte langsamer werden.** Wenn die Veränderung der Geschwindigkeit relativ zur Lichtquelle zu einer Blau- und Rotverschiebung führt, sollte auch eine Verlangsamung der Lichtgeschwindigkeit zu einer allgemeinen Rotverschiebung führen. Auch so könnte die allgemeine Rotverschiebung erklärt werden, ohne dass sich der Raum an sich verändert. Mit Abnahme der Lichtgeschwindigkeit würde die Anzahl der gemessenen Meter nach heutiger Meterdefinition oder die Anzahl der Lichtjahre zunehmen, aber der Abstand würde sich nicht tatsächlich verändern. Es wäre so, als misst man etwas mit einem Meter und später mit einem Englischen Fuß als Maß. Dann haben die Zahlenwerte zugenommen, aber die Sache an sich hat sich nicht verändert.

Auch **der Zeitablauf physikalischer Phänomene könnte sich verändern.** Genauer gesagt, die Frequenzübergänge in den Atomen könnten schneller werden. Dann wären die Spektrallinien, die sie heute erzeugen, von höherer Energie als früher. Aus Energieerhaltungssätzen dürften die schon abgesendeten Lichtphotonen diese Veränderung nicht mitmachen. Damit wäre die allgemeine Rotverschiebung durch eine Veränderung der Zeit erklärt, ohne dass es zu Veränderungen des Raumes kommt.

Damit gehen natürlich auch die Atomuhren schneller. Das Licht legt in gleich lang gemessener Zeiteinheit nur eine geringere Entfernung zurück. Für mich die wahrscheinlichste Lösung.

Begründung: Wir beobachten, dass sich Gase zu Sternen sammeln, Sterne zu Galaxien und Galaxien zu Galaxienhaufen. Der Raum dazwischen wird immer masseärmer. Eine allgemeine Raumexpansion würde dem aber entgegenstehen, weil sich dann auch der Abstand zwischen den Sternen vergrößert. Welche Beobachtungen können wir im Universum machen.

Der Abstand zwischen Erde und Mond wird mit Lasertechnik zunehmend als größer gemessen, mit einer Geschwindigkeit von 3,8 cm/a . Rechnet man das hoch auf einen Abstand 1 Megaparsec erhält man eine Geschwindigkeit von 90 km/s. Das entspricht der Weltraumexpansion von 74,03 km/s nach der Hubble-Konstante für eine Entfernung von 1 Megaparsec.

Im Groben entsprechen sich die Geschwindigkeiten. Das würde aber zu einer Verteilung der Masseteilchen führen und nicht zu ihrer Verdichtung. Gehen wir aber von einer kontinuierlichen Veränderung der Zeit aus, wäre der Effekt um so größer, je länger das Licht unterwegs ist. Abhängig von der Geschwindigkeit der Zeitänderung würde sich auch die gemessene Geschwindigkeit des Lichts verändern. Damit würde das Licht zum Mond und zurück auch immer länger brauchen. Der Mond könnte sich also tatsächlich an die Erde annähern und irgend wann mit ihr zusammenfallen. So wie auch Neutronensterne oder schwarze Löcher sich immer weiter annähern und dann ineinander stürzen.

Eine Beobachtung der Neuzeit ist die Entdeckung von **Voids** (massearme Gebiete im Universum) und dem kosmischen Netz. Das **kosmische Netz** besteht aus Galaxienhaufen und Superhaufen, sowie den dazwischen befindlichen Filamenten.

Eine Expansion des Raums sollte zu einem Auseinanderdriften aller Masseteilchen führen, also auch der Galaxien voneinander. Wenn die lokale gravitative Wirkung aber dazu führt, dass Galaxienhaufen eher weiter zusammenschrumpfen und nur die Freiräume expandieren, dann sollten sich auch nur solche Haufen bilden. Ähnlich wie bei einem Wasserstrahl der aus dem Wasserhahn läuft. Je schneller er herabfällt umso weiter er sich also räumlich ausdehnen muss, umso dünner wird er. Dann reißt er aber auch auf und es bilden sich Klumpen (auch Tropfen genannt). Es bleiben **keine Filamente** übrig.

Haben wir aber keine Expansion des Raums und durch Unregelmäßigkeiten der Massenverteilung haben sich kleine Hohlräume gebildet, könnten sich diese, ähnlich wie in einem Schaumberg die platzenden Blasen, zu immer größeren Hohlräumen entwickeln. Übrig bleiben die Haufen an den Stellen wo mehrere Blasen auf einander treffen oder die Filamente wo nur drei Blasen aufeinander treffen. Den Vergleich darf man nicht überstrapazieren. Die Tropfen werden durch die Anziehung der Wassermoleküle zueinander gebildet, vergleichbar mit der Gravitation. Die Blasenwände werden durch die Oberflächenspannung gebildet. Diese gibt es bei den Masseteilchen im Universum nicht, darum gibt es auch nur die Haufen und Filamente, aber keine Blasenwände.

Der Raum soll sich auf 1 Megaparsec mit einer Geschwindigkeit von 74 km/s ausdehnen. Das bedeutet, dass ein Würfel mit der Kantenlänge von 1 Megaparsec vor 6,7 Milliarden Jahren nur eine Kantenlänge von der Hälfte gehabt hätte. Es müssten sich also vor 6,7 Milliarden Jahren in einem gleichgroßen Volumen die achtfache Menge an Atomen befunden haben wie jetzt. Vor 10 Milliarden Jahren sogar die 64 fache Menge, oder vor 11,7 Milliarden Jahren sogar die 512 fache Menge.

Wenn der Raum zwischen den Galaxien sich erweitert, dann müssten vor 11,7 Milliarden Jahren im gleichen Volumen sich die 512 fache Menge an Galaxien befunden haben. In dieser Entfernung müsste sich ein Nachbar einer Galaxie also viel dichter neben der anderen befunden haben. Mit zunehmender Entfernung müssten die Galaxien eine zunehmende Dichte, oder zumindest die Gase und Sterne eine viel größere Dichte haben als wir das in unserer Umgebung feststellen. Bei der Durchmusterung des Himmels ist das aber aus den Berichten die ich gelesen habe nicht zu erkennen.

Die Verteilungsstruktur der Galaxien im Universum mit diesen Filamenten spricht für mich ganz klar gegen eine Expansion des Raums. Dann muss es auch eine andere Ursache für die Hubble-Konstante geben, vielleicht die Beschleunigung der Zeit.

3.7 Mikrowellenhintergrundstrahlung

Man könnte denken, die Mikrowellenhintergrundstrahlung wäre ein gut geeignetes Bezugssystem für die Bewegung. Sicherlich kann man das als Ruhezustand definieren, wenn die Mikrowellenhintergrundstrahlung in alle Richtungen symmetrisch aussieht. Damit meine ich nicht die feine Strukturierung der Mikrowellenhintergrundstrahlung, sondern die durch den Dopplereffekt auftretende Blau- und Rotverschiebung. Den Dipol zur Mikrowellenhintergrundstrahlung, der aktuell für die Sonne eine relative Bewegungsgeschwindigkeit von etwa 370 km/s ergibt. Beschleunigt ein Raumschiff aus einer Lage, in der die Mikrowellenhintergrundstrahlung in alle Richtungen symmetrisch aussieht, kommt es zwangsläufig in der Bewegungsrichtung zu einer Blauverschiebung und in entgegengesetzter Richtung zu einer Rotverschiebung.

Auch ein Medium, das man messen kann, wie z.B. die Mikrowellenhintergrundstrahlung, nützt uns nichts, um eine Bewegung zum Raum an sich festzustellen. Die Mikrowellenhintergrundstrahlung könnte sich wie eine Art Wolke durch den "Raum an sich" bewegen. Im Bewegungszustand mit symmetrischer Mikrowellenhintergrundstrahlung in alle Richtungen hätte man einen Ruhezustand zu dieser Strahlung erreicht. Der Ruhezustand gegenüber der Mikrowellenhintergrundstrahlung wäre in diesem Fall trotzdem eine Bewegung gegenüber dem "Raum an sich" und kein absoluter Ruhezustand.

Wünschenswert wäre eine Möglichkeit, die Bewegung gegen den Gravitationsäther messen zu können. Wir wissen aber nicht, inwieweit die Mikrowellenhintergrundstrahlung überhaupt etwas mit dem Gravitationsäther zu tun hat. Prinzipiell könnte der Ruhezustand zur Mikrowellenhintergrundstrahlung einem Bewegungszustand gegenüber dem Gravitationsäther entsprechen. Andersherum könnte ein Ruhezustand im Gravitationsäther einer Bewegung gegenüber der Mikrowellenhintergrundstrahlung entsprechen. Die Mikrowellenhintergrundstrahlung ist also kein geeignetes Hilfsmittel zu klären, ob es bei der gleichförmigen Translationsbewegung ebenso einen bevorzugten Ruhezustand zu einer Essenz[16] gibt. Eine Essenz die erstens bei der Satellitennavigation einen bevorzugten Ruhezustand für die Rotation bewirkt, zweitens die Uhren im Tal langsamer gehen lässt als auf dem Berg und drittens bei ihrer Veränderung auch den Messwert für die Laufzeit von Radiosignalen verändert, wie beim Cassini-Effekt.

Auch wenn die im Universum vorhandenen Massen und die Mikrowellenhintergrundstrahlung unterschiedliche Bezugssysteme sein können, haben sie für schnelle Bewegungen über 1 % der Lichtgeschwindigkeit etwas gemeinsam. Wir beschleunigen ein Raumschiff, egal ich welche Richtung. Dann kommt es zu einer Blauverschiebung der Signale

---

16 Ich schreibe Essenz, weil ich nicht sagen kann, was es ist, was den bevorzugten Ruhezustand bestimmt. Auf diesen kann aber der Bewegungsbegriff angewendet werden. Ich nenne es das Gravitationsfeld.

aus dieser Richtung und Rotverschiebung in der entgegengesetzten Richtung, egal um welche Strahlungsart es sich handelt. Mit zunehmender Geschwindigkeit entsteht auch das Bild einer asymmetrischen Verteilung der Massen und der Dichte der Energiestrahlung.

Isolierte theoretische Überlegungen haben einen besonderen Mangel. Sie haben keine Bezug zu der uns umgebenden Realität. Beschleunigt man das Raumschiff bis an die Lichtgeschwindigkeit in einem gasfreien Bereich des Universums, so dass es keine Reibung gibt, würde die Mikrowellenhintergrundstrahlung und alle andere Strahlung trotzdem als hochenergetische Strahlung dem Raumschiff entgegenkommen, und nach hinten wäre diese Strahlung kaum noch zu erkennen. Damit würde das Raumschiff nur von einer Seite hochenergetisch bestrahlt, was zwangsläufig zu einem Abbremsen des Raumschiffs führen muss. Damit würden die Insassen innerhalb des Raumschiffs zur Raumschiffsspitze beschleunigt. Vergleicht man die Raumschiffe im sprachlich-mathematischen Nirgendwo, dann gibt es auch keine Mikrowellenhintergrund- oder andere Strahlung. Und Raumschiff und Erdenbewohner können sich beide als gleichberechtigt betrachten. In dem uns real umgebenden Universum können wir aber kein Raumschiff real beschleunigen, ohne dass es auch seinen Bewegungszustand gegenüber dem Universum und der darin befindlichen Strahlung verändert.

Damit stellt sich die Frage, ob es in dem uns umgebenden Universum überhaupt die Möglichkeit gibt, dass bei einer gleichförmigen Translationsbewegung zueinander die Systeme K und K' tatsächlich physikalisch vollkommen gleichwertig sind? Anders gefragt: Ob es überhaupt eine solche gleichförmige Translationsbewegung und damit Inertialsysteme in dem uns real umgebenden Universum gibt?

Allein eine Bewegung, bei der ein Körper keine Energie abgibt und dem keine Energie zugeführt wird, kann es nicht sein, denn das würde auch für einen um die Sonne kreisenden Körper gelten, und beim Kreisen haben wir eindeutig einen bevorzugten Ruhezustand. Vom Prinzip her sollte das dann auch für eine Bewegung weit entfernt von einer Galaxie gelten, denn diese könnte doch noch eine Kreisbewegung um die Galaxie bedeuten.

Aus der wissenschaftlichen Alltagserfahrung heraus stellen wir immer wieder fest, dass alle Messungen, die wir machen, lückenlos mit der Geometrie der Lorentztransformationen aufgehen, wenn wir Lichtuhren oder die gleichwertigen Atomuhren verwenden, unter einer räumlichen Gleichzeitigkeit, die Einsteins Gleichzeitigkeitsdefinition entspricht. Daran besteht auch gar kein Zweifel.

An dieser Geometrie ändert sich auch nichts, wenn wir uns das Inertialsystem herausgreifen, dass zur Mikrowellenhintergrundstrahlung ruht. Von diesem aus könnten wir die Relativgeschwindigkeit zu irgend einem anderen Inertialsystem bestimmen. Mit dieser Geschwindigkeit müsste es sich dann auch gegen die Mikrowellenhintergrundstrahlung bewegen. Dieses Inertialsystem könnte dann auch selber anhand dieser Strahlung feststellen, wie schnell es sich gegen das andere Inertialsystem bewegt.

Man könnte denken, die Mikrowellenhintergrundstrahlung könnte helfen das Zwillingsparadoxon zu lösen. Denn immer die Uhr, die gegenüber der Mikrowellenhintergrundstrahlung den längeren Weg und/oder diesen schneller zurückgelegt hat ist langsamer gegangen.

Da treffen wir aber auf die Schwierigkeit mathematisch in sich geschlossene Systeme mit unserem Gefühl zu verstehen. Diese Aussage trifft leider auch auf jedes zur Mikrowellenhintergrundstrahlung bewegte Inertialsystem zu. Allgemein muss man sagen, die Uhr, die gegenüber einem Inertialsystem den längeren Weg und/oder diesen schneller zurückgelegt hat, ist langsamer gegangen. Man kann auch einfacher sagen: Von zwei Uhren aus betrachtet ist die Uhr langsamer gegangen, die zwischen Trennung und Wiederbegegnung das Inertialsystem gewechselt hat.

Das wird erst anders, wenn wir keine absolut geradlinigen, sondern gebogene Wege verfolgen. Zu jeder gebogenen Bewegung lässt sich auch ein Kreis darstellen. Bei einer Kreisbewegung können wir eindeutige Ereignisse (siehe Kapitel 2.5) erzeugen, die für alle Beobachter gelten müssen und sind nicht auf eine Definition einer räumlichen Gleichzeitigkeit angewiesen, die für jeden Beobachter unterschiedlich sein kann.

Wenn hier aus Sicht eines Beobachters A die andere Uhr B langsamer geht, dann geht aus Sicht des anderen Beobachters B die Uhr A schneller. Sobald man eine Kreisbewegung darstellen kann sind die Verhältnisse eindeutig. Mehr dazu in Kapitel 5.2.

3.8 Welle-Teilchen-Dualismus des Lichts

Noch immer reden wir beim Licht vom Welle-Teilchen-Dualismus. Ich denken, dass kommt nur daher, weil wir die Physik immer nur durch die Brille der Mathematik betrachten.

Schon in der Einleitung hatte ich dargelegt, dass die Mathematik eine Sprache ist mit der sich alles beschreiben lässt, was man möchte. Man muss nur lange genug nach der geeigneten Formel suchen. Bildlich gesprochen: Nur weil ich eine Blume Blume nenne, heißt es nicht, dass die Blume Rose gleich einer Blume Nelke ist.

Gemäß des Äquivalenzprinzips können wir nicht allein aus den Messwerten und der Mathematik erkennen, ob wir in einer Kiste auf der Erde stehen oder gleichmäßig durch den Raum beschleunigt werden.

Licht kann mit den Wellengleichungen beschreiben werden und es hat die gleiche Geschwindigkeit wie elektromagnetische Radiowellen. In der anerkannten Physik wird deshalb darauf geschlossen, dass Licht Welleneigenschaften hat.[6] S.74, [12] S.150, [24] S.6 Aber reicht das aus um dem tatsächlichen Charakter des Lichts näher zu kommen?

Bildlich gesprochen muss man versuchen beim Licht auch aus der Kiste herauszusehen und die Eigenschaften des Lichts genauer untersuchen.

Beginnen wir mit der Beschreibung. Was kann man unter einer Welle verstehen. Die klassische Welle ist die Wasserwelle. Als Wellenbewegung ist sie die Schwingung an der Grenzschicht eines Mediums. Das gilt auch für Gas, z.B. als Schwingung der Atmosphäre oder Festkörper wie das Schwingen eines Seils.

Es gibt aber auch die Schallwelle als Dichteschwankung eines Mediums, egal ob Gas, Flüssigkeit oder Festkörper.

In allen Fällen haben wir ein Medium, das aus durch die Zeit verfolgbaren Teilchen besteht, nämlich den Atomen. Durch diese ist der Schwingungsmechanismus auch verfolgbar. Das muss man aber auch auf verschiedenen Wegen machen, um kein Einseitiges Bild zu erhalten.

Nehmen wir die Wasserwelle und ihre Interferenzerscheinungen. Erzeugen wir in einer Wasserfläche Wellen, die sich dann ringförmig darum herum ausbreiten. In unserer Alltagserfahrung sehen wir nur das Auf und Ab der Wasseroberfläche. Das ist aber nur ein Merkmal, dass sich aber ganz Homogen über die Fläche ausbreitet. Tatsächlich kreisen die Wassermoleküle, aus denen das Medium besteht. Das aber auch in einer ganz homogenen Form, die zur Tiefe hin abnimmt.

Kommen wir zum Doppelspaltversuch. Hier haben wir zwei Quellen, von denen Wellen ausgehen. Unsere Alltagserfahrung und leider auch unsere Lehrer bringen uns nur bei, dass es bei der dadurch entstehenden Interferenz zu Stellen kommt, an denen es zu viel höheren Wellen / Schwankungen der Oberfläche kommt (Maximum) und an anderen Stellen zu einem Minimum, oder wie es gesagt wird: zu einer Auslöschung. [6] S.84+85, [12] S.165, [24] S.6

Betrachten wir jetzt aber nicht nur das was uns unsere Lehrer beibringen, sondern beobachten die Bewegung der Wassermoleküle. Dann ist da, wo die Lehrer sagen es käme zu einem Minimum oder gar einer Auslöschung, tatsächlich ein Maximum, nämlich das der Seitwärtsbewegung der Wassermoleküle.

Betrachten wir das ganze mal nicht durch diesen isolierten Blick der Brille unserer Lehrer, sondern betrachten die Dynamik der Wassermoleküle oder die Energieverteilung, dann sind diese Eigenschaften trotz der Interferenz über die Fläche oder das Medium der Wellenausbreitung völlig homogen verteilt. Eine Auslöschung findet nur für isolierte Beobachtungsmerkmale statt. In der Summe der Merkmale ist die Dynamische Verteilung aber auch bei der Interferenz lückenlos homogen.

Wie sieht es mit dem Doppelspaltversuch bei dem Licht aus? Auch hier wird von einer Verstärkung und Auslöschung gesprochen.[12] S.167 Abb. 5.19 Was aber kann man tatsächlich feststellen.

Zunächst schicken wir monochromatisches Licht eines Lasers auf einen Schirm. Dazwischen setzen wir einen Filter, mit dem man den Strahl immer weiter abdunkeln kann. Je stärker man den Lichtstrahl abdunkelt, um so deutlicher kann man erkennen, das hier einzelne Lichtphotonen auf dem Beobachtungsschirm eintreffen. Hier ist keine lückenlos homogene Verteilung auf dem Schirm. Erzeugt man mit immer geringerer Energie die Wasserwellen, werden diese immer flacher, aber über die Fläche verteilt bleibt es eine lückenlos homogene Dynamik.

Beim Licht kann man statistisch über die Fläche des Schirms eine gleichmäßige Verteilung der Photonen feststellen. Die man sprachlich für den Mittelwert dann auch als homogen bezeichnen kann. Und diese Verteilung lässt sich vielleicht auch mit den selben Formeln beschreiben, aber es ist doch ein tatsächlicher Unterschied in der Verteilung.

Neben der Stelle wo ein Photon gemessen wurde ist nichts. Dagegen ist die Welle kontinuierlich im Raum verteilt. Selbst wenn man bei der Wasserwelle in den Atomaren Bereich geht, könnte man den Raum zwischen den Molekülen als leer bezeichnen. Aber solange ich noch eine Wellenbewegung beobachten kann, wird sich hier im Rahmen der Wellenbewegung mit ziemlich 100 prozentiger Wahrscheinlichkeit gleich ein Molekül vorbei bewegen, oder ich habe keine beobachtbare Welle mehr. Wobei die Bewegung des Moleküls auch der Wellenbewegung entspricht und nicht nur der Brownschen Molekularbewegung.

Kommen wir zum Doppelspaltversuch. Bei der Wasserwelle haben wir bei isolierter Betrachtung des Auf und Ab Maxima und Minima. Aber dazwischen auch fließende Übergänge. Auch bei der isolierten Betrachtung der Merkmale haben wir neben den Maxima nicht plötzlich nichts, sondern gleichmäßige Übergänge zu den Minima. Und diese Minima betreffen nur das isoliert betrachtete Merkmal. Für die Seitwärtsbewegung ist an dieser Stelle ein Maximum. Hier wird also nur das eine Merkmal „ausgelöscht". Die Energie oder Dynamik der Wassermoleküle ist an dieser Stelle dieselbe. Bei den Photonen können wir auch ein strichförmiges Maximum feststellen, aber direkt daneben ist nichts. Keine Übergänge, kein Licht anderer Frequenz, kein Licht mit anderer Polarisierung, keine andere Strahlung wie Radiowellen und auch keine Erwärmung des Schirms in dem die Energie sich auflösen könnte. Hier ist einfach nichts. Auch keine Auslöschung eines isolierten Merkmals (Auf und Ab), das durch das Maximum eines anderen Merkmals (Seitwärtsbewegung) entsteht.

Für mich ist der Doppelspaltversuch ein Paradebeispiel dafür, das Licht aus Teilchen beseht und keine Welleneigenschaften hat.

Wellen sind die Bewegung eines Mediums, wobei die Bestandteile des Mediums deutlich kleiner sein müssen als das Erscheinungsbild der Welle. Dabei kann die Welle Veränderungen der Dichte darstellen wie beim Schall oder Schwingungen eine Grenzfläche wie bei der Wasserwelle.

Als Beispiel ein Bällebad, das jeder, der einmal sein Kind in der Spielabteilung eines Kaufhauses abgegeben hat, kennen wird. Wenn wir die Oberflächen der Kugeln so super gestalten könnten, das sie kaum Reibung haben, dann kann man auch damit Wellen darstellen.

Teilchen sind räumlich abgegrenzte Strukturen die durch die Zeit verfolgbar sind. Sie können auch eine Feste Beziehung zu einem Medium haben, wie Masseteilchen zum Gravitationsfeld. Die sich in jedem Fall nur bis an die Lichtgeschwindigkeit heran dazu bewegen können. Und so wie ich es annehme, Lichtphotonen die sich als masselose Teilchen mit Lichtgeschwindigkeit zum Gravitationsfeld bewegen. Woraus das Gravitationsfeld besteht kann ich nicht sagen. Ich möchte das hier auch nicht abschließend untersuchen, aber bildlich gesprochen möchte ich erst mal nur die Wasserwellen untersuchen, ohne zu wissen woraus Wasser besteht.

Ein Versuch die Interferenz bei Teilchen anschaulich zu machen: Man stelle sich zwei Gewehre vor, die Kugeln in ganz schneller Folge abgeben können, so dass die Lücken dazwischen nicht viel größer als die Kugeln sind. Jetzt richte ich die Kugelstrahlen so ein, dass sich die Strahlen kreuzen. Dann schiebe ich eins der Gewehr vor und zurück. Einmal fliegen die Kugeln einfach aneinander vorbei. Verschiebe ich das Gewehr um den halben Kugelabstand, dann prallen sie zusammen und das sich darstellende Bild ist ein ganz anderes. Aber nur weil man auch mit Kugeln so etwas wie Interferenz darstellen kann sind sie trotzdem keine Wellen.

Man darf dieses Beispiel aber nur als Hinweis werten. M. Born[6] S.75 schreibt: „... *die Huygens zum eifrigen Vorkämpfer der Wellentheorie machte. Als erstes und wichtigstes Argument für diese sah er die Tatsache an, dass zwei Lichtstrahlen einander durchkreuzen, ohne sich zu beeinflussen, genau wie zwei Wasserwellenzüge, während Bündel ausgeschleuderter Partikel zusammenprallen oder wenigstens sich stören müssten.*" Man muss also schon genauer nach den Eigenschaften der Lichtphotonen forschen. Vielleicht brauchen sie als masselose Teilchen immer ein Masseteilchen um eine Wechselwirkung zu verursachen. Deshalb beeinflussen sie sich auch nicht gegenseitig.

Ein anderes Beispiel. Sehen wir uns einen in der Schwerelosigkeit schwebenden Wassertropfen an. Er kann rotieren und wird dadurch elliptisch, er kann Schwingen in der Richtung seiner Bewegung oder auch quer dazu. So kann er in seiner Bewegung Wellenmuster in seinem Schattenbild erzeugen. Für mich bleibt der Wassertropfen aber ein Teilchen und keine Welle. Auch Lichtphotonen könnten in der Ausdehnung ihres Wirkungsbereichs entsprechend schwingen oder kreisen und dadurch z.B. die Polarisation erzeugen. Trotzdem bleibt es ein Teilchen.

Was führt dazu, dass sich die Lichtteilchen nach dem Doppelspalt auf so besonderen Wegen bewegen. - Jetzt bekomme ich Probleme mit den Quantenphysikern -. Ich denke am Doppelspalt kommt es zu einer Wechselwirkung oder nicht. Dabei ist die Wechselwirkung ein Vielfaches einer bestimmten Größe. Abhängig vom Energiegehalt des Photons selbst wirkt sich das in entsprechend starker Ablenkung aus.

Auf diesem Gebiet würde ich gern forschen, denn aus meiner Sicht kann die Wechselwirkung, die das entstehende Bild auf dem Schirm bewirkt, nur hier ganz kausal am Doppelspalt stattfinden. Dazu muss man aber auch erst mal bereit sein hier zu suchen. Nicht mit der mathematischen Brille, sondern mit dem geistigen Seziermesser, was man dann auch in Versuchen umsetzten muss. Nur der Versuch kann uns helfen der Realität des uns umgebenden Universums näher zu kommen.

3.9 Radiowellen

Wie steht es mit den Radiowellen? Zeigen sie an irgend einer Stelle Teilchencharakter. Sicherlich werden sie durch das Schwingen elektrisch geladener Teilchen erzeugt und ihrerseits bringen sie elektrisch geladene Teilchen zum schwingen. Aber an welcher Stelle zeigen die Radiowellen Teilchencharakter. Mit Lichtphotonen kann man Atome anschießen, die daraufhin ihre Bewegung in einem ganz bestimmten Winkel und mit einer ganz bestimmten Geschwindigkeit verändern. Diese Änderung stimmt mit dem Energiegehalt des Photons vollständig überein. Kann man so etwas auch mit Radiowellen machen? Insbesondere könnte man aus einer Gruppe von Elektronen nur eins in seiner Bahn verändern?

Aus meiner Sicht handelt es sich bei den Radiowellen um Schwingungen des Elektromagnetischen Feldes. Woraus das auch immer bestehen mag, hat dieses nichts mit dem Gravitationsfeld oder der Bewegung des Lichts zu tun.

Mathematisch mag man diese Wellen genauso beschreiben wie das Licht. Aber anders als es allgemein gemacht wird, kann man daraus nicht schließen das Lichtphotonen und Radiowellen die gleiche physikalische Basis haben. Auch hier würde ich gern mal versuchen mit geeigneten Experimenten aus dem Kasten zu sehen.

Oben habe ich bildlich gesprochen nicht durch die mathematische Brille gesehen, sondern aus dem Fenster des Kastens gesehen, um festzustellen ob ich fest auf dem Boden der Tatsachen stehe, oder mich gleichmäßig beschleunigt durch den Raum bewege. Dabei habe ich festgestellt das Lichtphotonen keine Welleneigenschaften im Sinne eines schwingenden Mediums haben und Radiowellen in ihrem Erscheinungsbild keine räumlich abgegrenzten Teilchen sind. Möglicherweise könnte das elektromagnetische Feld aus kleinen Teilchen bestehen, so wie das Wasser aus Molekülen. In der Wellenstruktur treten diese aber nicht einzeln in Erscheinung.

Zu den Radiowellen des Elektromagnetischen Feldes möchte ich nochmal zurück kommen, wenn es um die Methode geht die Bewegung zum Gravitationsfeld zu messen. Genauer um die Möglichkeit das umzusetzen.

3.10 Zufall, gibt es den?

Jeder kennt Spiele mit Würfeln oder Roulett, die auf Zufall aufgebaut sein sollen. Aber sind diese wirklich zufällig. Beim Roulett werden die Croupiers regelmäßig ausgetauscht. Findige Menschen haben herausgefunden, dass die Croupiers so werfen, dass nach einer der Zahlen mit hoher Wahrscheinlichkeit das nächst mal die Kugel in einem bestimmten Bereich des Scheibenkopfes landet und damit diese Zahlen wahrscheinlicher auftreten, als Zahlen aus einem anderen Bereich des Scheibenkopfes.

Wie kann das sein, wenn der Vorgang wirklich zufällig wäre? Daraus kann man schließen, das der Vorgang gar nicht zufällig, sonder ganz kausal ist. Nur die vielen Berührungen sind nicht so exakt zu beschreiben, dass man das Ergebnis exakt vorhersagen könnte. Wie ich das auch schon im Kapitel über die Naturrealität geschrieben habe.

Wie steht es mit dem radioaktiven Zerfall? Der soll zufällig sein, weil man nicht vorhersagen kann wann ein Atom zerfällt.

Stellen wir uns eine Vibrationsplatte vor mit einem Rand, auf der sich weiße und rote Kugeln befinden sollen. Auf der Platte malen wir ein oder mehrere Felder unterschiedlicher Größe auf. Die Platte wird von einer Kamera mit Computer beobachtet, wie eine Kamera am autonom fahrenden Auto. Und immer wenn diese in einem der Feldern genau zwei weiße und zwei rote Kugeln erkennt, dann wird die Platte abgeschaltet.

Wie beim Billard bewegen sich die Kugeln ganz kausal auf der Platte und auch das Abschalten ist ganz kausal. Jetzt stellt man eine Million solcher Platten gleicher Art und mit den gleichen Feldern auf und startet. Ich bin mir sicher dass man auch so eine Halbwertszeit feststellen könnte bis alle Platten abgeschaltet sind. Abhängig davon wie viele Kugeln auf der Platte sind und wie die aufgemalten Felder gestaltet sind, wird diese Halbwertszeit ganz unterschiedlich ausfallen.

Wir können jetzt andere Felder aufmalen. Und immer wenn sich genau eine Rote Kugel in dem Feld befindet wird die Platte abgeschaltet. Auch das wird abhängig von der Anzahl der Kugeln und der Größe der Felder zu einer Halbwertszeit führen, bis alle Platten abgeschaltet sind.

Beides sind für mich ganz kausale Vorgänge. Warum sollte so etwas nicht auch in Atomkernen passieren können. Das erste Analog zum Alphazerfall, das zweite analog zum Betazerfall. Ich glaube kein Mensch kann sagen, dass er weis was genau in Atomkernen passiert. Aber zu dieser Analogie glaube ich, dass auch der Radioaktive zerfall ein kausaler Vorgang ist, nur der beobachtende Mensch kann das nicht exakt vorhersagen, sondern muss sich mit einer statistischen Aussage zufrieden geben.

Es gibt aber noch etwas anderes in diesem Universum. Stellen wir uns vor ein Meteorologe wäre inzwischen so weit mit seinen Vorhersagen, dass er eine Fläche auf dem Boden markieren könnte und genau exakt sagen könnte an welcher Stelle der erste Regentropfen fallen würde. Dann ist es so weit und ich komme, halte meine Hand dazwischen und fange den Tropfen auf. Damit ist seine Vorhersage falsch. Der Tropfen ist nicht an der vorhergesagten Stelle gefallen.

Ich bin nur ein Mensch und kann das uns umgebende Universum nur mit meinen Sinnen wahrnehmen und habe auch nur das Wissen zur Verfügung, was andere Menschen vor mir schon eingesammelt haben. Aber vielleicht gibt es auch in der unbelebten Natur so etwas wie eine Hand die die Dinge nicht so ablaufen lässt, wie es kausal eigentlich sein sollte. Aber war die Aktion meiner Hand nicht kausal? Ich wollte ja zeigen, dass der Meteorologe trotz aller Präzision nicht die Zukunft exakt vorhersagen kann. War das jetzt nicht kausal?

Ob der Handlungswille des Menschen frei oder kausal vorherbestimmt ist soll nicht Thema dieses Buches sein, aber der Titel heißt *Die Relativität des Beobachters* und die Beobachter hier auf der Erde sind wir Menschen. Mit dem Erwachsen werden nehmen wir Dinge an, die bei den meisten Menschen zu Dogmen werden. Die Erfahrung zeigt, dass man damit stabile und erfolgreiche Strukturen aufbauen kann. Aber in der Grundlagenforschung sollte man sich zum einen viel deutlicher klar machen, was ist eine tatsächliche Beobachtung und was ist eine Schlussfolgerung, die aber nur so tatsächlich richtig ist, wie die Annahmen tatsächlich richtig sind, die man für diese Schlussfolgerung machen muss. In der Grundlagenforschung dürfen solche Annahmen nicht zu Dogmen werden, die nicht mehr in Frage gestellt werden dürfen und wenn doch, sie mit Schweigen zu beantworten.

3.11 Gleichsetzung von Beobachtungen und deren Messwerten

Das Gleichsetzen von Werten kann bei der wissenschaftlichen Betrachtung von Ereignisszenarien und deren mathematischer Ableitung sehr gefährlich sein und zu völlig falschen Aussagen führen. Es werden immer wieder Dinge in der Betrachtungsweise und Berechnung gleichgesetzt oder weggelassen, weil sie keinen Effekt hätten.

Als Beispiel die Betrachtung relativistischer Effekte. In den Formeln erscheint der Term Wurzel aus $(1-v^2/c^2)$. Dabei wird für niedrige Geschwindigkeiten der Wert für $v^2/c^2 = 0$ gesetzt. Beobachte ich nur Geschwindigkeiten bis 1000 km/s, was schon gehörig schnell ist, dann ist der Wert für $v^2/c^2 = 0,000011$.

Erhebe ich nur Messwerte bis zur 3. Stelle hinter dem Komma, dann liegt dieser Wert unter der Messgenauigkeit und kann tatsächlich vernachlässigt werden. Erhöhe ich aber die Messgenauigkeit, dann kann der Wert doch wieder eine Bedeutung erlangen, man darf das also nicht ganz vergessen. Es geht aber manchmal nicht nur um Werte, die sich in einem bestimmten Bereich so stark unterscheiden dass sie unter die Messgenauigkeit fallen.

Um es bildlich zunächst einfach zu erklären nehmen wir 2 Leitern, bei denen die eine 10 m und die andere nur 5 m lang ist. Egal wie oft ich die Länge   der   Leitern   halbiere   und   wenn   die   eine   nur   noch

0,000.000.001 mm groß ist, dann ist die andere immer noch halb so groß. Auch ein noch so starkes Verkleinern der Werte führt nicht zu einer Veränderung der Grundaussage.

Ein Beispiel für einen Übergangsbereich: [12] S.516 *„Jeder wie auch immer gekrümmte Raum ist lokal (das heißt auf hinreichend kleinen Gebieten) flach."* Also für einen hinreichend kleinen Bereich ist die Kugeloberfläche flach.

Auf einer Kugeloberfläche kann das Dreieck maximal einem Längengrad entsprechen. Dann hätten die Winkel 3 x 180 Grad. Je kleiner wir den Bereich wählen wird der Wert sehr schnell kleiner. Bei einem sehr kleinen Bereich sind es dann tatsächlich fast nur noch 180 Grad, aber erst wenn mindestens eine der Seiten nur noch die Länge 0 hätte, dann könnte sie 180 Grad entsprechen. Aber welchen Winkel hat das Ende einer Geodäte.

Sobald es noch ein Dreieck ist, unterscheidet sich die Summe der Winkel an irgend einer Stelle hinter dem Komma von 180 Grad. Hier sind wir bei der Messgenauigkeit. Ist der Unterschied erst nach dem Komma, an einer Stelle kleiner als die Messgenauigkeit, spielt das keine Rolle. Man muss aber hier auch bei den Betrachtungen in diesem kleinen Bereich bleiben.

Dazu das Leiterbeispiel. Nehmen wir 2 Leitern. Eine ist 1 m lang, mit einem Verhältnis von 100 : 1 zur anderen Leiter, die damit nur 1 cm lang ist. Jetzt soll die lange Leiter nur noch eine Länge von 1 mm haben. Es wird aber nur bis 0,1 mm gemessen. Dann Verlängern wir die Leitern wieder auf das 1000 fache. Dann hätten wir wieder eine Leiter von 1 m, aber die andere wäre verschwunden, obwohl sie hier eine Länge von 1 cm haben müsste. Bei dieser Rechenoperation ist plötzlich etwas verschwunden. Wir haben also eine ganz andere Situation, auch wenn wir ganz korrekt gerechnet haben. Solche Übergänge darf es bei Rechenoperationen nicht geben.

Kommen wir zur Äußerungen wie:

„Können wir also ein Labor auf der Erde unter diesen Umständen tatsächlich als Inertialsystem bezeichnen? - In der Tat, das können wir! Der Grund ist, dass all diese Bewegungen nur in äußerst geringem Maß von einer gleichförmigen Bewegung abweichen. So gering, dass wir die Effekte selbst in einem Labor mit empfindlichsten Geräten kaum messen können." [12] S.71

Bei der heutigen Präzision der Atomuhren können wir aber den Unterschied zwischen einer räumlichen Synchronisation der Uhren nach Universal Time Coordinated oder Einsteins Gleichzeitigkeitsdefinition schon messen. Am Äquator beträgt er für einen Ring ohne gravitative Effekte für den Erdumfang 206 ns. Allerdings beträgt er für einen Abstand von 21 km nur noch 109 Picosekunden, was 1 Zeittakt der definierten Sekunde entspricht. Für einen Meter würde er nur noch $5,2 * 10^{-15}$ Sekunden betragen. Da wird es mit der Messgenauigkeit schon schwierig, wenn wir das innerhalb eines Labors messen wollen. Bei zunehmender Messgenauigkeit müssen wir das im Hinterkopf behalten.

Die Ausprägung der Differenz wird exponentiell durch die Geschwindigkeit bestimmt. Durch Verkleinerung des Abstandes nimmt sie aber nur linear ab und das Verhältnis bleibt gleich. Es ist also nur von der Messgenauigkeit abhängig, er bleibt in jedem Fall in seiner Größenordnung erhalten, egal wie klein der Abschnitt ist.

Da der Gang der Uhren auf der Erdoberfläche tatsächlich anders ist, muss es auch zu einer tatsächlichen Längenkontraktion kommen. Deshalb ist auch ein mit der Erde mitdrehendes Labor niemals ein Inertialsystem.

4. Minkowskidiagramme[22]

Anmerkung zu den Grafiken. Diese werden von manchen Readern nur unzureichend dargestellt und in den Erklärungen erscheinen Zeichen, die auch nicht richtig dargestellt werden. Die Zeichen sind mit vorangehenden Worten beschrieben, so dass sie auch mit einen Schwarz-Weiß Reader zu verstehen sind. Wer mir eine e-mail an buch@darmer.de mit einer Kopie seiner Rechnung für das Buch schickt, bekommt von mir die Zeichnungen als PDF Datei zugeschickt.

4.1 Grundlegende Begriffe

Im Folgenden möchte ich Probleme darstellen, für die ich bisher keine verständliche Beschreibung gefunden habe, die man aber ganz anschaulich beschreiben kann. Damit kann auch das Verständnis der Lorentztransformationen nähergebracht werden. Zunächst müssen einige Worte wie "Sehen" oder "Messen" genauer erklärt werden.

Das möchte ich an diesem Problem erläutern: Wie sehen zwei sich mit 0,6-facher Lichtgeschwindigkeit aneinander vorbei bewegende Beobachter einen Blitz nach 1 Sekunde (1 s), den sie bei ihrer Begegnung gemeinsam abgegeben haben?

Ein **Blitz** ist ein Lichtsignal, das nach seinem Auslösen Weltlinien erzeugt, die sich in alle Richtungen ausbreiten und als solches Signal auch räumlich und zeitlich eindeutig verfolgbar sind, so wie ich es schon im Kapitel 2.8 über die Linearität erläutert habe.

Die Lichtgeschwindigkeit und die Geschwindigkeit der Beobachter sollten unproblematisch sein. Die 1 s muss von beiden Beobachtern in ihrer Eigenzeit gemessen werden.

Sehen bedeutet, dass Informationssignale in Lichtform, von unterschiedlichen Ereignissen gleichzeitig von einem Auge wahrgenommen werden. Das kann natürlich auch ein Messinstrument sein. Das gleichzeitige Eintreffen sagt aber nichts über die Zeitpunkte der Entstehung der Lichtsignale aus. Sieht ein Beobachter etwas innerhalb eines Systems, in dem die Beobachter zueinander ruhen, so können alle anderen Beobachter durch die **räumliche Synchronisation** ihrer Uhren dieses Ereignis einer Eigenzeit, nämlich der gleichen auf ihrer Uhr angezeigten Zeit zuordnen, auch wenn die Beobachter das Ereignis zu der Zeit nicht tatsächlich "gesehen" haben. Es wurde innerhalb des Systems oder der Messanordnung dann so gemessen. Die Richtigkeit der zeitlichen Zuordnung der Messung ist abhängig von der Richtigkeit der räumlichen Synchronisation der Uhren.

Einen solchen **Beobachter** möchte ich im Weiteren als $B_0()$ darstellen. B ist ein Beobachter, der sich zu den anderen B-Beobachtern nicht bewegt. Das bedeutet ein Zeitsignal von einem B-Beobachter z.B. $B_0()$ regelmäßig ausgesendet, bei einem anderen, z.B. $B_1()$ reflektiert und wieder bei $B_0()$ empfangen führt zu einer konstanten Zeitdifferenz. Die B-Beobachter werden nach dem halben Wert dieser Zeitdifferenz benannt. Damit befindet sich $B_1()$.in 1 Lichtsekunde Ls Abstand zu $B_0()$. In die Klammern wird der auf der Uhr des Beobachters abzulesende Zeitwert geschrieben. Diese Zeitwerte sind willkürliche Definitionen, nur die Frequenz der Schwingung des Cäsiumatoms der Atomuhr ist durch die Natur festgelegt. Ein von $B_0(0)$ ausgesendetes Zeitsignal, das bei $B_0(2)$ zurück ist, wurde damit bei $B_1()$ reflektiert. Nach Einsteins Gleichzeitigkeitsdefinition muss der Beobachter $B_1()$ zu dem Ereignis der Reflexion die Hälfte der Zeit für Hin- und Rückweg einstellen, also die Hälfte der Zeitdifferenz bei $B_0()$. In diesem Fall die Hälfte von 2, also 1. Es gibt also ein Ereignis $B_1(1)$, das mit dem Ereignis $B_0(1)$ nach der Einsteins Gleichzeitigkeitsdefinition räumlich gleichzeitig wäre. Da diese Ereignisse jeweils nur an einem Ort und zu einem Zeitpunkt geschehen können, handelt es sich um zwei **Ein-Ort-Ein-Zeit-Ereignisse**. Diese sind damit für alle Beobachter dieses Universums so gültig. Für alle muss es das Ereignis $B_0(0)$ geben, bei dem das Zeitsignal 0 ausgesendet wird, das beim Ereignis $B_1(1)$ dort eintrifft und beim Ereignis $B_0(2)$ dort wieder zurück ist.

Je nach Position der anderen Beobachter im B-System, oder ob sie sich dazu bewegen, ist das Licht auch unterschiedlich lang unterwegs. Das bedeutet, das, was der Beobachter gleichzeitig sieht, ist nur in ganz bestimmten Fällen auch gleichzeitig geschehen. Ein Beobachter $B_{-1}()$, der sich auf der anderen Seite von $B_0()$ befindet, ebenfalls in 1 Ls Entfernung wie $B_1()$, würde die **Informationssignale** von den Ereignissen $B_1(1)$ und $B_0(2)$ gleichzeitig erhalten. Um kenntlich zu machen, dass es sich um Informationssignale und nicht die Ereignisse selbst handelt, stelle ich das als $[B_1(1)]$ und $[B_0(2)]$ dar. Da $B_1()$ aber von $B_{-1}()$ weiter entfernt ist als $B_0()$, muss auch für ihn das Ereignis $B_1(1)$ vor dem Ereignis $B_0(2)$ stattgefunden haben.

Bei $B_0()$ gibt es damit das Ereignis $B_0(2) + [B_1(1)]$. Das Informationssignal hiervon $[B_0(2) + B_1(1)]$ kann $B_0()$ in alle Richtungen senden. Prinzipiell kann jeder Beobachter in diesem Universum dieses Signal erhalten. Aus kausalen Gründen kann es deshalb niemanden geben, für den das Ereignis $B_0(2)$ vor dem Ereignis $B_1(1)$ stattgefunden hat. Prinzipiell könnte man das Gleiche auch mit über lichtschnellen Signalen machen.

Die nachfolgenden Abschnitte sind leider nicht mehr ohne Zahlenbeispiele darzustellen. Ich habe versucht, sie einfach zu halten. Es liegt aber in der Natur der Materie, dass es nicht mehr ganz einfach ist, aber mit etwas geometrischem Verständnis wird man sich doch in die Minkowskidiagramme einlesen können.

4.2 Der Blitz nach einer Sekunde

Senden zwei Beobachter bei ihrer Begegnung einen Lichtblitz aus, sollte dieser nach 1 s im dreidimensionalen Raum eine Kugel um den jeweiligen Beobachter bilden, da die Lichtgeschwindigkeit in alle Richtungen gleich schnell sein soll. Das gilt für beide Beobachter, da sie gleichberechtigt sind, was die Bewegung und die Messung der Lichtgeschwindigkeit anbetrifft. Da sich die Beobachter aber gegeneinander bewegen, können sie nicht beide nach 1 s im Zentrum derselben Kugel sein.

Hier ist das Problem, wie kann der **Ort** gemessen werden, an dem sich der Blitz nach 1 s der Eigenzeit befindet? Der Beobachter $B_0(0)$ kann in 1 Lichtsekunde (Ls) Entfernung Spiegel aufstellen, an denen das Licht reflektiert wird, und wenn nach 2 s seiner Eigenzeit aus allen Richtungen der Blitz gleichzeitig bei ihm $B_0(2)$ wieder eintrifft, kann er feststellen, dass der Blitz in allen Richtungen genau 2 s für Hin- und Rückweg gebraucht hat. Er kann damit auch sicher sagen, dass die Ereignisse der Reflexion alle nach dem Aussenden und vor dem Wieder-Empfangen stattgefunden haben. Alles Weitere ist abhängig von Annahmen oder Definitionen. Die Lichtgeschwindigkeit wird für die *Summe von Hin- und Rückweg zusammen* immer gleich schnell *gemessen*, eine Beobachtungstatsache. Nach **Einsteins Gleichzeitigkeitsdefinition**[10] soll das Licht für den Hinweg genauso lange wie für den Rückweg brauchen. Die Reflexion ist definitionsgemäß genau zur Hälfte der Zeit von 2 s, also nach 1 s geschehen. Stellt man Uhren bei den Spiegeln auf und stellt diese zum Zeitpunkt der Reflexion auf 1 s, dann sind sie nach Einsteins Gleichzeitigkeitsdefinition miteinander räumlich synchronisiert. Wenn man dabei Ideale Uhren[17] verwendet, gehen diese auch synchron. **Synchroner Gang der Uhren** bedeutet, dass sie an einem gemeinsamen Ort befindlich immer den gleichen Zeitwert anzeigen, oder z.B. bei mehreren Uhren, die unterschiedliche Zeitzonen der Erde darstellen, dann immer gleiche Zeitdifferenzen anzeigen. Befinden sich die Uhren am gleichen Ort, ist der Vergleich der Uhrzeiten unproblematisch. Sind sie voneinander getrennt, der Abstand zueinander aber konstant, dann trifft ein Zeitsignal der einen Uhr immer mit konstanter Differenz bei der anderen Uhr ein.

Das Ganze wird in Minkowskidiagrammen dargestellt. Zunächst nur für das B-System und nur in einer Raumdimension, die durch die X-Achse repräsentiert wird. Die beiden Beobachter in entgegengesetzter Richtung an den Seiten von $B_0()$ in jeweils 1 Ls Entfernung nennen wir $B_1()$ und $B_{-1}()$.

Die drei in der **Abbildung 1** mit schwarzem Punkt ● gekennzeichneten Ereignisse entsprechen $B_{-1}(1)$, $B_0(1)$ und $B_1(1)$. Dies sind im B-System die zur Zeit t = 1 gleichzeitigen Ereignisse. Zum Zeitpunkt t = 2 treffen die Blitzreflektionen alle wieder bei $B_0(2)$ ein, mit schwarzem Kästchen ■ markiert. Im unteren Teil der Abbildung 1 wird der Zeitpunkt t = 1 in 2 Raumdimensionen von oben betrachtet, genau aus Richtung der t-Achse. Hier werden ebenfalls die in 1 s Entfernung, in der Fläche seitlichen Ereignisse dargestellt und ergeben zum Zeitpunkt t = 1 einen Kreis.

Jetzt wird die Abbildung durch das System des Beobachters $C_0()$ ergänzt. In Ruhe soll er genauso wie $B_0()$ um sich die Spiegel aufgestellt haben. Nun bewegt er sich mit 0,6 c an $B_0()$ vorbei und im Moment ihrer Begegnung sollen ihre Uhren auf 0 gestellt werden. Es gibt also das Ereignis $B_0(0) + C_0(0)$. Nach Messung des B-Systems kommt es beim C-System zu einer der Lorentztransformation entsprechenden Längenkontraktion. Er misst also zum Zeitpunkt t = 0 den Beobachter $C_1()$ in nur 0,8 Lichtsekunden Entfernung und ebenso den Beobachter $C_{-1}()$ in entgegen gesetzter Richtung. Für $B_0(0)$ gibt es also zum Zeitpunkt t=0 die Er-

---

17 Einstein-Langevin-Uhr [17] S. 25

eignisse: $B_{-1}(0)$, $B_{-0,8}(0) + C_{-1}()$, $B_0(0) + C_0(0)$, $B_{0,8}(0) + C_1()$, und $B_1(0)$. In der **Abbildung 2** werden diese Ereignisse mit schwarzem Punkt ● markiert.

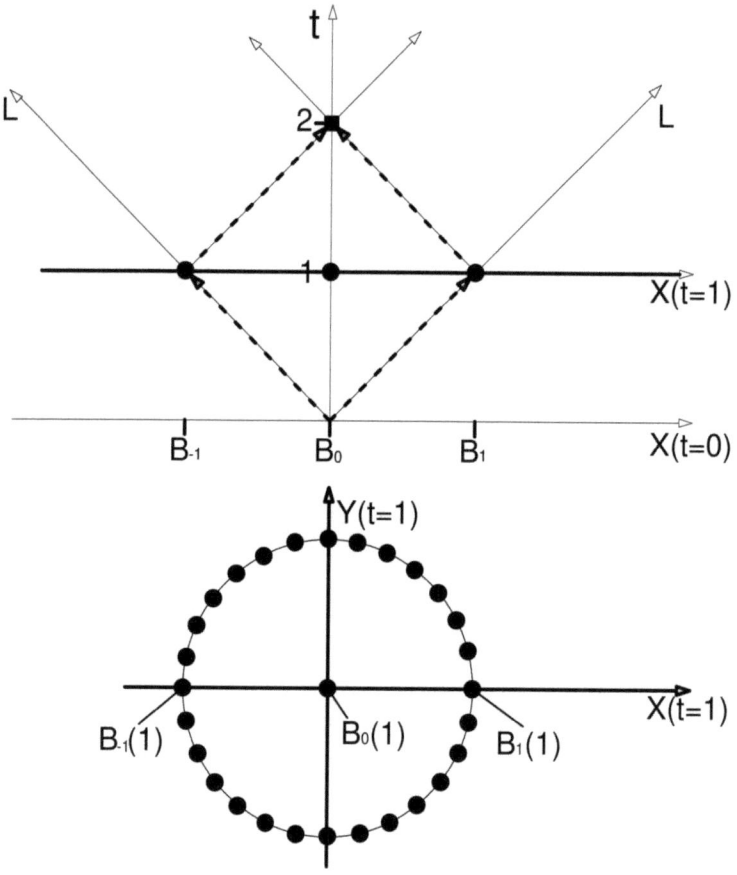

Abbildung 1: Einsekundenblitz im B-System.

Die Bewegung von $C_0()$ durch das B-System wird durch die Zeitachse t' dargestellt. Nach 1 s der $B_0()$ Zeit befindet sich der mit 0,6 c bewegte $C_0()$ bei $B_{0,6}(1)$. Da es aus Sicht von $B_0()$ bei $C_0()$ zu einer Zeitdilatation kommt, zeigt die Uhr von $C_0()$ zum Zeitpunkt t = 1 s bei diesem Ereignis nur t' = 0,8 s an. Es gibt für $B_0(1)$ ein gleichzeitiges Ereignis $B_{0,6}(1) + C_0(0,8)$. Gleichzeitig dazu sind auch im B-System die Ereignisse $B_{-0,2}(1) + C_{-1}()$ und $B_{1,4}(1) + C_1()$, in der Zeichnung mit schwarzem Ring O markiert.

72

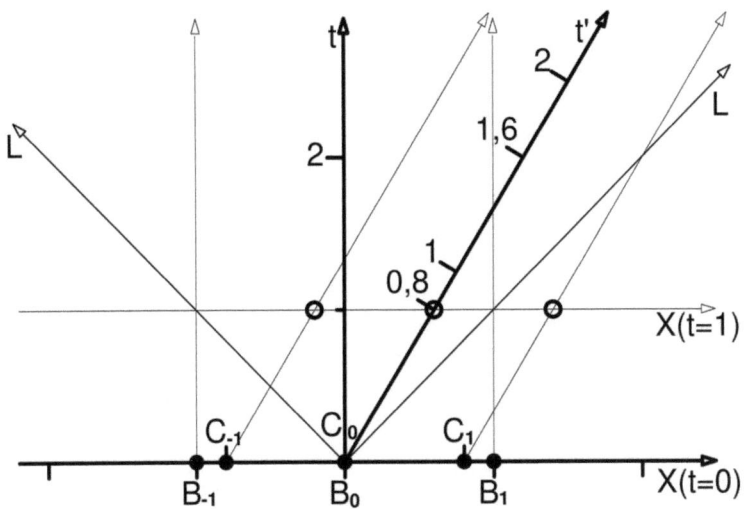

Abbildung 2: C-System wird eingefügt.

Nun lassen wir den Blitz aus Sicht des B-Systems an den Spiegeln der Beobachter $C_{-1}()$ und $C_1()$ reflektieren. Die Ereignisse werden in der **Abbildung 3** mit rotem Punkt ● markiert. Dann treffen die Blitzreflexionen von $B_0()$ gemessen, zum Zeitpunkt t = 2,5 s bei $C_0()$ wieder ein, in der Abbildung 3 mit schwarzem Kästchen ■ markiert. $C_0()$ befindet sich dann von $B_0(2,5)$ gemessen bei $B_{1,5}(2,5)$. Nach der Lorentztransformation muss die Uhr von $C_0()$ zu dem Zeitpunkt die Zeit t' = 2 s anzeigen. Es gibt also das Ereignis $B_{1,5}(2,5) + C_0(2)$, bei dem für alle Beobachter die im C-System reflektierten Blitze gleichzeitig wieder bei $C_0()$ eintreffen. Für die räumliche Gleichzeitigkeit im C-System müssen die Uhren nach Einsteins Gleichzeitigkeitsdefinition bei den Blitzreflexion bei $C_{-1}()$ und $C_1()$ die Hälfte der Zeit für Hin- und Rückweg anzeigen, die im eigenen System gemessen wurde, also die Hälfte von 2 s. Sie müssen also zu diesen Ereignissen ihre Uhren auf die Zeit t' = 1 s einstellen.

Bei den in der Abbildung 3 mit rotem Punkt ● markierten Stellen gibt es also die Ereignisse $C_{-1}(1)$ und $C_1(1)$. Diese Ereignisse sind aus dem C-System heraus betrachtet gleichzeitig mit dem Ereignis $C_0(1)$ hier mit rotem Ring ○ gekennzeichnet. Da es seitlich zu keiner Längenkontraktion kommt, sind von oben betrachtet die von $C_0()$ seitlich aufgestellten Spiegel im C-System genauso weit entfernt von $C_0()$, wie die von $B_0()$ seitlich aufgestellten Spiegel von $B_0()$, im unteren Teil der Abbildung 3 jeweils mit schwarzem Quadrat □ markiert.

73

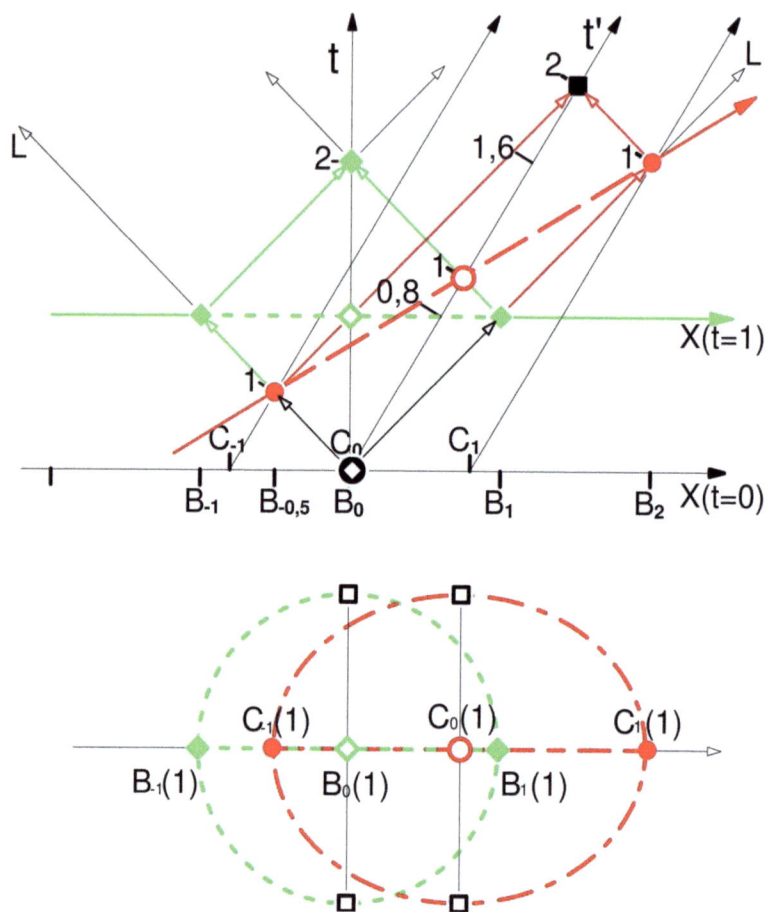

Abbildung 3: Einsekundenblitz im C-System aus Sicht des B-Systems.

Von oben betrachtet ergeben die Ereignisse der Blitzreflexionen, vom B-System aus gemessen, in der Gleichzeitigkeitsebene von $B_0()$ einen Kreis und die Reflexionen an den Spiegeln des C-Systems eine Ellipse. Diese Figuren entsprechen den Schnitten durch den Lichtkegel, die sich aus den Gleichzeitigkeitsebenen von $B_0(1)$ und $C_0(1)$ ergeben. Die Ereignisse des C-Systems werden im B-System aber nicht als gleichzeitige Ereignisse gemessen. Die Reflexionen an den C-System-Spiegeln, die sich in der Abbildung 3 innerhalb des Kreises befinden, werden im B-System zur Zeit $t = 1$ als schon geschehen, und die sich außerhalb des Kreises

74

befinden als noch nicht ereignet gemessen. Das Ereignis $B_0(1)$ wurde mit gedrehtem grünem Kästchen ◆ markiert. Die für ihn räumlich gleichzeitigen Ereignisse $B_{-1}(1)$ und $B_1(1)$ sind mit gedrehter Raute ◇ markiert.

Zunächst werden in dem oberen Teil der Abbildung 3 noch weitere Ein-Ort-Ein-Zeit-Ereignisse markiert mit gedrehten grünen Kästchen ◆ und roten Punkten ●, dargestellt in **Abbildung 4a**. In gedrehten grünen Kästchen ◆auf den Gleichzeitigkeitsebenen des B-Systems und in roten Punkt ● auf den Gleichzeitigkeitsebenen des C-Systems. Alle Ereignisse wurden aus dem B-System heraus gemessen. Da es alles Ein-Ort-Ein-Zeit-Ereignisse sind, müssen sie auch vom C-System aus so gemessen werden, wenn dieses sich als ruhend betrachtet. Dazu stellen wir die t'-Achse und X'-Achse in einen 90-Grad-Winkel, dargestellt im oberen Teil der **Abbildung 4b**. Für $C_0()$ stellt sich das Ganze dann genau umgekehrt dar. Rein aus der Geometrie der Lorentztransformationen und ausschließlichen Verwendung von idealen Uhren und Lichtsignalen sind die Beobachter $B_0()$ und $C_0()$ unter Berücksichtigung von Einsteins Gleichzeitigkeitsdefinition völlig gleichberechtigt.

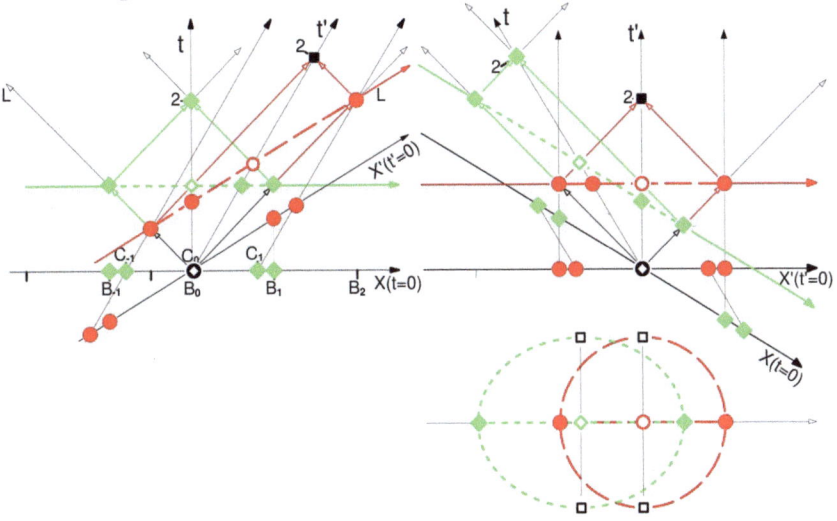

Abbildung 4a und 4b: Alle Ein-Ort-Ein-Zeit-Ereignisse auch im C-System gemessen.

Auch wenn man einen Beobachter $D_0()$ einfügt, der sich in entgegengesetzter Richtung zu $C_0()$ bewegt, kommt es auch aus der Sicht von $C_0()$ zu keinen widersprüchlichen Ergebnissen. Der von $D_0()$ gemessene 1 s Lichtblitzkreis wäre aus messtechnischer Sicht des C-Systems nur noch ovaler ausgezogen, entsprechend dem noch steiler gestellten Schnitt durch den Lichtblitzkegel.

Wie kommt es zustande, dass trotz der so unterschiedlich aussehenden Abbildungen keine kausalen Widersprüchlichkeiten auftreten? Für beide Betrachtungsweisen werden keine physikalischen Veränderungen vorgenommen. Jeder Beobachter mit seiner Uhr, die eine gemeinsame Weltlinie bilden, ihre Begegnungen mit den zu ihnen bewegten Beobachtern und ihre Lichtblitze oder Zeitsignale bilden ein Netz aus Ein-Ort-Ein-Zeit-Ereignissen. Je nachdem, welches Beobachtersystem sich als ruhend betrachtet, wird dieses Netz wie ein Fischernetz in die eine oder andere Richtung gezogen. Dabei wird aber kein Knoten aufgelöst, und es kommen keine neuen Knoten hinzu. Deshalb bleibt diese Bild auch widerspruchsfrei.

Schwierig ist es, wenn eines der beiden Beobachtersysteme umkehrt und sie sich wieder aneinander vorbei bewegen. Dazu muss zumindest eines der beiden Beobachtersysteme einen Knick in ihren Weltlinien bekommen. Dazu lassen wir nur den Zwillingsbruder von $C_0()$, wir nennen ihn $D_0()$, zurückfliegen. Dazu muss er Energie aufwenden, damit er seine Geschwindigkeit gegenüber den anderen Beobachtern seines Systems und damit auch gegenüber allen anderen Beobachtern wechselt. Wenn man über den Rand der Zeichnung hinaussieht, ändert er damit auch seinen Bewegungszustand gegenüber dem gesamten Universum. Von den Systemen B und C wird seine Geschwindigkeit unterschiedlich gemessen. Wenn man den Gang der Uhr von $D_0()$ vom B-System aus der Lorentztransformation entsprechend berechnet, ergeben sich genau die Werte, die auch vom C-System aus berechnet werden. Von beiden aus ist bei der Begegnung von $D_0()$ mit $C_0()$ auf der Uhr von $D_0()$ der gleiche Betrag weniger Zeit vergangen. Besser dargestellt im Kap. 4.6.

Bis hier können alle Beobachtersysteme und Beobachter sich als ruhend betrachten und messen genau das Gleiche bei Betrachtung der anderen Systeme. Man kann auch sagen, sie sind absolut gleichberechtigt, was die Ermittlung der Messwerte betrifft. Was aber geschieht, wenn das ganze C-System die Bewegung verändern will? Als einfacheres Beispiel nur die Zwillingsbrüder von $C_0()$ und $C_1()$ gemeinsam umkehren wollen. Das geht geometrisch nicht mehr gleichberechtigt auf. Nehmen wir an, $C_1()$ zündet zum Ereignis $C_1(1)$ die Triebwerke, um zu $B_{0,8}()$ zurückkehren zu können. Nehmen wir an, nicht nur die Information, sondern auch der mechanische Druck würden sich mit Lichtgeschwindigkeit zu $C_0()$ ausbreiten, dann würde $C_0()$ zum Ereignis $C_0(2)$ die Information vom Start erhalten und auch gleichzeitig den Schub verspüren. Nun lassen wir das C-System so lange beschleunigen, bis es sich mit 0,6 c durch das B-System wieder zurückbewegt.

Ist die Beschleunigung nur gering, dann würde sich aus der unterschiedlichen Ausbreitung der Beschleunigungsbewegung von $C_1()$ bis $C_0()$ kein relevanter Effekt ergeben. Auch die unterschiedliche Bewegung von $C_0()$ und $C_1()$, die sich aus Sicht des B-Systems ergibt aus der sich auflösenden Längenkontraktion und sich neu entwickelnde Längenkontraktion, hätte keinen wesentlichen Effekt.

Aus Sicht des B-Systems gehen die C-Uhren langsamer. Mit Abnahme der Geschwindigkeit wird das immer geringer bis sie beim Stillstand aus Sicht des B-Systems gleich schnell gehen. Bei Zunahme der Geschwindigkeit in der anderen Richtung gehen sie dann wieder zunehmend langsamer. Im ganzen Ablauf entwickelt sich eine zunehmende Zeitdifferenz zwischen den Uhren des B-Systems und des C-Systems. Aber der Zeitunterschied zwischen den Uhren von $C_0()$ und $C_1()$ würde dabei gleich bleiben.

Aus Sicht des B-Systems trifft jetzt das Signal von $C_1()$ bei $C_0()$ viel später ein und das Signal von $C_0()$ bei $C_1()$ viel früher. Das wird bei der beibehaltenen Einstellung der Uhren auch im C-System so gemessen. Damit wird im C-System die Lichtgeschwindigkeit in beiden Richtungen nicht mehr als c gemessen. Die Uhren im C-System sind auch nicht mehr nach Einsteins Gleichzeitigkeitsdefinition miteinander synchronisiert. Sie müssen nach der Beschleunigung ihre Uhren räumlich neu synchronisieren. Dazu muss $C_0()$ seine Uhr zurückstellen oder $C_1()$ seine Uhr vorstellen. Zur neuen Synchronisation misst dann das C-System die Lichtgeschwindigkeit wieder in beiden Richtungen mit c und auch die Uhren vom B-System gehen gegenüber dieser räumlichen Synchronisation wieder langsamer.

Ist es erlaubt, bei einem Versuchsablauf die Messinstrumente zu verstellen? Wenn man während eines Versuchsablaufs die Messinstrumente auf etwas anderes neu eicht, kann man kaum vergleichbare Messergebnisse erhalten. Sind dann die beiden Teile des Versuchs noch miteinander vergleichbar? Die Weltlinien der Cäsiumatome der Atomuhren machen während des Versuchsablaufs keine Sprünge. Der Sprung kommt durch Veränderung eines definierten Wertes, nämlich Verstellen der angezeigten Uhrzeit zustande. Würde man die räumliche Synchronisation der C-System-Uhren nicht verändern, würden sie aus dieser Synchronisation heraus auch die B-System-Uhren als schneller gehend messen. Und zwar so schnell, das der langsamere Gang von der ersten Phase so stark überholt wird, dass jeweils die Uhren von $B_0()$ und $B_{0,8}()$ beim wieder Zusammentreffen von $C_0()$ und $B_0()$ und $C_1()$ und $B_{0,8}()$ genau den Betrag mehr anzeigen, der sich aus der Lorentztransformation aus Sicht des B-Systems ergibt.

Auf die Effekte die sich jeweils aus dem Beibehaltenen der Synchronisation oder dem Verstellen der Uhren ergeben habe ich im Kapitel 4.6 über das Zwillingsparadoxon und Kapitel 5.4 über die Messung der Bewegung zum Gravitationsfeld noch mal genauer beschrieben.

4.3 Höhere als Lichtgeschwindigkeit c

Wer so etwas wie Warp-Antriebe und Wurmlöcher für möglich hält, sollte hier ruhig weiter lesen und das Folgende nicht für Blödsinn halten. Es macht kausal keinen Unterschied ob ich einen Boten mit einer Rakete mit Warp-Antrieb mit meinen Zeitsignalen hin und her schicke oder eine neue Strahlung entdecke die sich mit höherer als der Lichtgeschwindigkeit ausbreitet. Die für einen Beobachter messtechnisch nicht weiter eingrenzbare räumliche Gleichzeitigkeit wird durch die größtmögliche Geschwindigkeit bestimmt, mit der Informationen weitergegeben werden können. Auch das Eintreffen des Boten mit Warp-Antrieb kann nur nach seiner Abreise und muss kausal vor seinen Wiedereintreffen am Startort sein, wenn er wieder zurückgereist ist. Das unterscheidet sich prinzipiell nicht von einem Zeitsignal, das mit Überlichtgeschwindigkeit gesendet wurde.

Nehmen wir an, man hätte eine Strahlung entdeckt, die sich mit der vierfachen Lichtgeschwindigkeit ausbreiten würde. Dann sollte ein Beobachter $B_0()$ in zwei Lichtsekunden Entfernung Empfänger $B_2()$ und $B_{-2}()$ aufstellen können, die das Signal empfangen und zurückschicken, ähnlich wie mit den Spiegeln beim Lichtblitz. Diese Ereignisse sind in der **Abbildung 5** mit blauem Punkt ● gekennzeichnet. Dann sollte für ihn auch aus beiden Richtungen die Antwort nach einer Sekunde zurück sein, mit blauem Kreis ○ gekennzeichnet. Diese Signale könnten auch vom B-System aus reflektiert werden, wenn sie die Beobachter $C_{-1}()$ und $C_1()$ erreichen, mit gelbem Kästchen ■ gekennzeichnet. Dann wären auch diese Reflexionen bei $C_0()$ gleichzeitig zurück, mit gelbem Quadrat □ gekennzeichnet. Da es sich bei diesen Ereignissen um Ein-Ort-Ein-Zeit-Ereignisse handelt, müssen sie auch im C-System gemessen werden. $C_0()$ könnte feststellen, dass das Signal schon vor Ablauf einer halben Sekunde zurück wäre. Da $C_1()$ und $C_{-1}()$ im C-System jeweils eine Lichtsekunde entfernt gemessen werden, müsste das Signal aus seiner Sicht schneller als die vierfache Lichtgeschwindigkeit sein.

Noch erstaunlicher wäre die Ankunft des Signals bei $C_1()$. Ausgesendet zur Zeit t'=0 beim Ereignis $B_0(0) + C_0(0)$ kommt das Signal bei $C_1(<0)$ an, deutlich bevor dessen Uhr die Uhrzeit t' = 0 anzeigt, also vor dem Ereignis $C_1(0)$ (als rote Raute ◇ markiert). In der räumlichen Synchronisation der C-Systemuhren wird das Eintreffen des Signals bei $C_1()$ schon vor dem Aussenden gemessen. Trotzdem braucht das Signal für den Rückweg so lange, dass die Antwort erst in der Zukunft zurück ist. In umgekehrter Reihenfolge gilt das für das Signal, das bei $C_{-1}()$ zurückgeschickt wird. Es kommt bei $C_{-1}()$ erst deutlich nach $C_{-1}(0,5)$ an und ist dann doch schon vor $C_0(0,4)$ bei $C_0()$ wieder zurück.

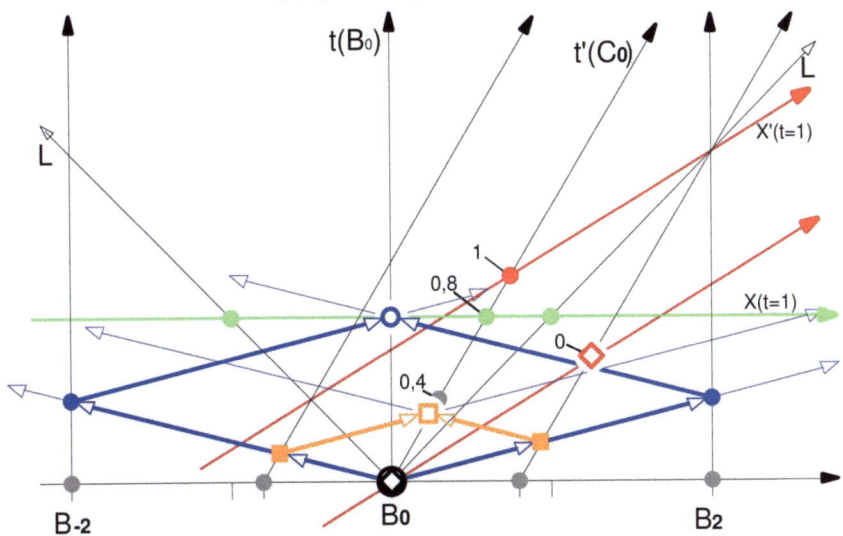

Abbildung 5: Informationssignal 4 c schnell.

Ich hatte schon geschrieben, dass die Signale von einem B-Beobachter zurückgeschickt werden sollen. Aber wie werden die Signale im C-System beobachtet und reflektiert. Ausgehend von Energieerhaltungssätzen und von der absoluten Gleichheit der Inertialsysteme, müsste auch $C_0()$ aus seiner Sicht die Strahlung aussenden können.

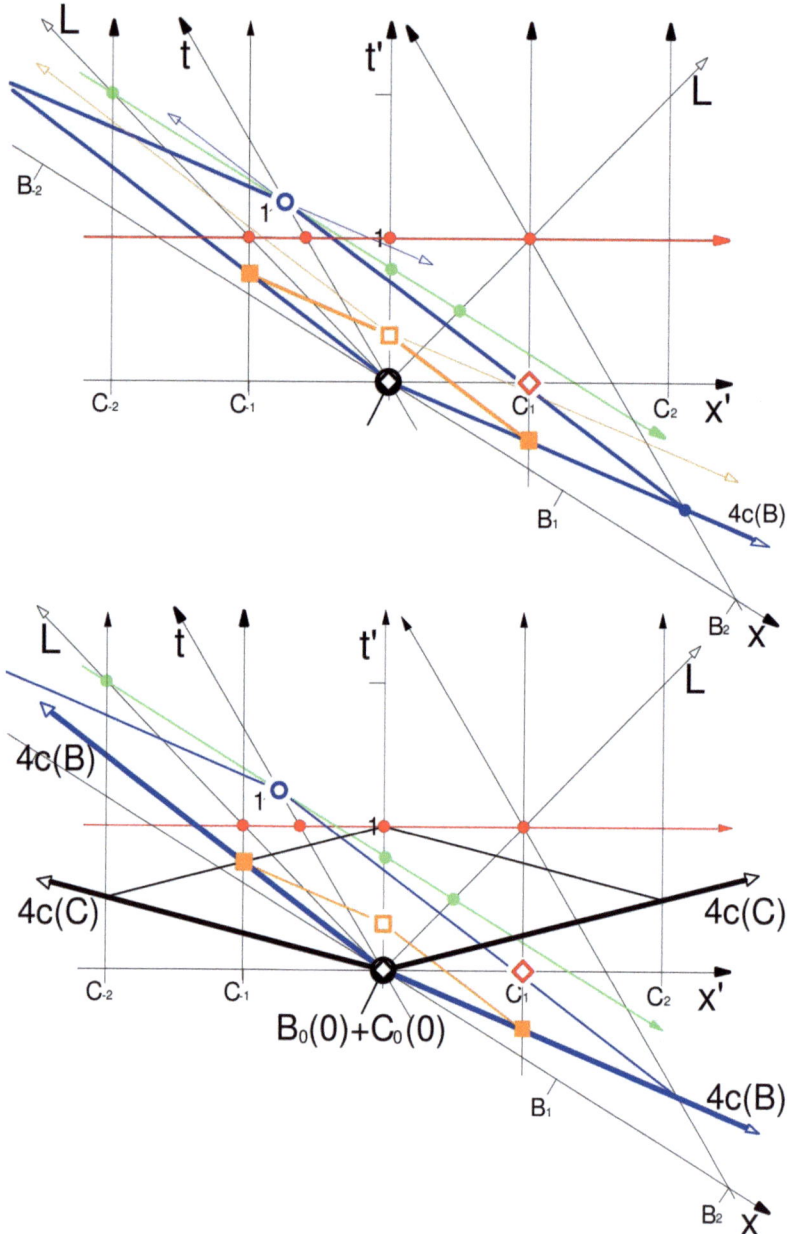

Abbildung 6a und 6b: 4 c schnelles Informationssignal aus Sicht des C-Systems.

Zunächst wird in **Abbildung 6a** der Ereignisablauf aus der Sicht von $C_0()$ dargestellt, unter Beibehaltung aller Ein-Ort-Ein-Zeit-Ereignisse und in **Abbildung 6b** dann die Strahlung von $C_0()$ ausgesendet als dicke schwarze Linien dargestellt. Aber was wäre das für eine seltsame Strahlung. Sie wird von zwei zueinander bewegten Beobachtern bei ihrer Begegnung an einem Raumpunkt gleichzeitig ausgesendet. Das entspricht einem Ein-Ort-Ein-Zeit-Ereignis. Die Signale bewegen sich dann völlig unterschiedlich in Raum und Zeit (dargestellt mit den dicken blauen und schwarzen Pfeilen), ohne Rücksicht auf irgendeine Kausalität oder Energieerhaltungssätze.

Ich bin nicht bereit, Brüche der Energieerhaltungssätze oder der Kausalität zuzulassen. Ich glaube auch nicht, dass es eine so seltsame Strahlung gibt, die keinem einheitlichen Bewegungsprinzip folgt, so wie es Schall, die Bewegung von Massen oder die lichtschnellen Signale machen, die jeder für sich einem einheitlichen Bewegungsprinzip folgen.

Nehmen wir an wir hätte eine Möglichkeit entdeckt, mit der man Informationssignale mit höherer als Lichtgeschwindigkeit versenden kann. Dann wird sich diese auch nach einem Bewegungsprinzip hierzu in alle Richtungen symmetrisch ausbreiten. Für einen zu diesem Bewegungsprinzip ruhenden Beobachter $B_0()$ könnte das Bild dann so aussehen wie in Abbildung 5. Die in der Abbildung dargestellten Pfeile für die vierfache Lichtgeschwindigkeit entsprechen ebenfalls **Weltlinien**. Aus Kausalitätsgründen müssen diese ebenfalls für alle Beobachter gelten. Darum muss auch für das C-System das Aussenden des Signals bei $B_0(0) + C_0(0)$ vor dem Ereignis des Eintreffens bei $C_1()$ sein. Für dieses Ereignis, in der Abbildung 5 mit dem rechten gelbem Kästchen ■ markiert, muss auf der Uhr von $C_0(x)$ ein Wert $x > 0$ eingestellt werden. Für das C-System, mit den Uhren nach Einsteins Gleichzeitigkeitsdefinition eingestellt, bliebe aus kausalen Gründen nur der Schluss übrig, dass diese räumliche Gleichzeitigkeit nicht tatsächlich so besteht.

Die Weltlinie der Uhr $C_1()$ und die Schwingung des Cäsiumatoms sind hiervon nicht berührt. Nur der auf der Uhr willkürlich eingestellte Uhrzeitwert ist damit nicht vereinbar. Die Uhr ist also nach Einsteins Gleichzeitigkeitsdefinition kausal falsch eingestellt. Damit kann für ihn die Lichtgeschwindigkeit nicht in alle Richtungen tatsächlich gleich sein.

In Kap. 5.4 beschreibe ich wie die Situation bei der Rotation aussieht. Hier kann die räumliche Gleichzeitigkeit durch andere Messungen, als durch ideale Uhren und das Aussenden von Lichtsignalen der Beobachter direkt zueinander, kausal stärker eingeschränkt werden. Deshalb können Lichtsignale auch nicht für alle Beobachter in beiden Richtungen einer

Tangentialbewegung gleich schnell gemessen werden. In der Universal Time Coordinated wird deshalb auch die Lichtgeschwindigkeit nicht in Ost- und Westrichtung gleich schnell gemessen.

Für die exakt geradlinige Bewegung bleibt es dabei: Entweder, es gibt keine kausal höhere als die Lichtgeschwindigkeit, egal ob durch die Quanteneffekte, Wurmlöcher, Tunneleffekte oder Gravitationswellen, oder K und K' sind physikalisch nicht vollkommen gleichwertig.

4.4 Übertragung auf die Satellitennavigation und Universal Time Coordinated (UTC)

Ich möchte das Problem auf eine spezielle Situation übertragen. Stellen wir uns ein Teilstück des Äquators oder ein Teilstück der Erdumlaufbahn um die Sonne vor. Oder besser ein Teilstück auf einem Ring in Leichtbauweise, der dem Äquator entsprechen soll und platzieren ihn in einem Void, fern ab von gravitativen Massen. Auf den Ringen werden Atomuhren platziert.

Das B-System repräsentiert dabei den ruhenden Ring in dem keine Zentrifugalkraft gemessen wird. Das C-System würde der Rotation am Äquator entsprechen. Es könnte in einem anderen Fall auch der Bewegung der Erde um die Sonne entsprechen. Bei den Ringen könnte man sich aber auch jede andere Größe des Ringes oder der Geschwindigkeit vorstellen. Um das ganze verständlich zu halten, werde ich hier nur die relativen Verhältnisse darstellen.

Auf der Erde und in den GPS-Satelliten werden die Uhren alle auf die Universal Time Coordinated UTC getrimmt. Das bedeutet, die Gangraten der Atomuhren werden so eingestellt, dass sie trotz unterschiedlichem Gravitationsfeld[18] und unterschiedlicher Bewegung[19] auf eine Einheitszeit synchronisiert werden. Und die auf der Erde stationären Uhren werden auch räumlich auf eine Einheitsgleichzeitigkeit synchronisiert. Diese stimmt aber nicht mit Einsteins Gleichzeitigkeitsdefinition überein.

Manche Physiker sagen die Berücksichtigung des **Sagnac-Effekts** wäre trivial. Das ist sie aber ganz und gar nicht. Man könnte auch für die Inertialsysteme eine solche Größe einführen und alle hätten eine einheitliche räumliche Gleichzeitigkeit. Dann gäbe es auch keinen Unterschied

---

18 Uhren gehen abhängig vom Gravitationsfeld auf einem Berg schneller als tiefer auf Meereshöhe. Abgesehen von der Höhe gibt es auch regionale Unterschiede.

19 Die GPS-Satelliten bewegen sich mit relevanter Geschwindigkeit zur Erde, oder besser zum nicht rotierenden Bezugssystem. Zudem bewegen sich ja auch die auf der Erde befindlichen Uhren unterschiedlich schnell, abhängig vom Breitengrad, auf dem sie sich befinden.

mehr für die räumliche Synchronisation von Uhren die sich am Rand eines rotierenden Systems mitbewegen und den dazu tangential bewegten Uhren. Egal was nun den Rotationseffekt hervorruft, eine absolute Konstanz der Lichtgeschwindigkeit gäbe es dann auch für die geradlinige Bewegung nicht mehr.

Aus Gründen der Übersichtlichkeit nehmen wir wieder das Beispiel, bei dem sich C_0() mit 0,6 c an B_0() vorbei bewegt. Das Ganze entwickeln wir aus der Sicht von B_0(), also so wie es B_0() messen würde. Verwenden wir wieder die Ringe weit entfernt von anderen Massen, dann können die Gangraten aller Uhren nach der Sekundendefinition eingestellt werden. Unterschiedliche Gravitation braucht nicht berücksichtigt werden, und alle Uhren bewegen sich auf derselben Umlaufbahn. Unstrittig mit den heute allgemein anerkannten Ansichten, kommt es bei der Rotation zu einer tatsächlichen Zeitdilatation und damit logisch zwangsläufig zu einer tatsächlichen Längenkontraktion. Also, die Gangrate der Uhren wird um so langsamer und der Urmeter wird um so kürzer, je schneller sie sich zu dem nicht rotierenden Ring bewegen.

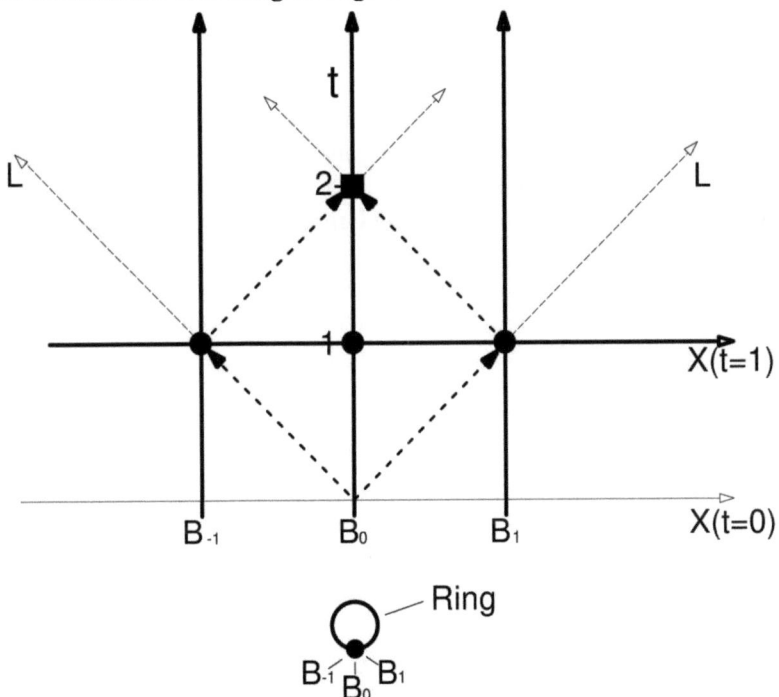

Abbildung 7: Ruhender Ring

Um das Bild zu vereinfachen, sollen die Beobachter $B_X()$ für ihren Ring, der nicht rotiert, einen Umfang von 1 Lichtsekunde (1 Ls) messen. Von $B_0()$ aus wird in 1 Ls in Ostrichtung der Beobachter $B_1()$ mit Spiegel aufgestellt und in Westrichtung in 1 Ls der Beobachter $B_{-1}()$ mit einem Spiegel. Da der Ring einen Umfang von 1 Ls hat, befinden sich alle drei Beobachter an der gleichen Stelle auf dem Ring. Siehe **Abbildung 7**.

Damit verlaufen ihre Weltlinien auf einer Achse: $t_{(B0)} = t_{(B1)} = t_{(B-1)}$. Sendet nun $B_0()$ einen Lichtblitz aus, trifft dieser nach den Uhren aller drei Beobachter nach 1 s aus Ost- und Westrichtung gleichzeitig bei allen drei Beobachtern wieder ein (durch Punkte ● markiert) und die Reflexionen treffen entsprechend nach insgesamt 2 s wieder bei allen drei Beobachtern ein (durch Kästchen ■ markiert). Der Unterschied zur geradlinigen oder inertialen Bewegung besteht darin, dass die drei Beobachter auf einer geraden Rakete ihre Uhren nicht direkt miteinander vergleichen könnten. Auf dem Ring ist die in dem unteren Teil der Abbildung 7 dargestellte X-Achse von oben betrachtet so aufgerollt, dass die t-Achsen von $B_0()$, $B_1()$ und $B_{-1}()$ an einer Stelle des Ringes liegen. Die Weltlinien der drei Beobachter sind identisch, damit sind ihre erlebten Ereignisfolgen identisch. Im oberen Teil der Abbildung stellen die drei t-Achsen dieselbe Weltlinie dar. Auf dem nicht rotierenden B-Ring entspricht die räumliche Synchronisation auch Einsteins Gleichzeitigkeitsdefinition.

Wie sieht es mit dem bewegten Ring aus? Hier kommt es zu einer tatsächlichen Längenkontraktion. Bei einer Geschwindigkeit von 0,6 c müssen die C-Beobachter 25 % mehr Urmeter auslegen, um die gleiche Ringgröße zu erreichen, die dem B-System entspricht. Wenn das C-System in Ruhe dem B-System entsprochen hat, bewegen sich jetzt die Beobachter $C_0()$, $C_{1,25}()$ und $C_{-1,25}()$ auf einer gemeinsamen Weltlinie, vergleichbar den Beobachtern $B_0()$, $B_1()$ und $B_{-1}()$.

Jetzt senden $C_0()$ und $B_0()$ bei ihrer Begegnung den Lichtblitz aus, also beim Ereignis $B_0(0) + B_1(0) + B_{-1}(0) + C_0(0) + C_{1,25}(0) + C_{-1,25}(0)$, das in Abbildung 8a den drei in Blau markierten Punkten ● auf der x-Achse für t = 0 entspricht. Es macht keinen Sinn, auf Uhren, die sich nebeneinander bewegen und dieselbe Jetztzeit an diesem Raumpunkt darstellen sollen, unterschiedliche Zeiten einzustellen. Darum wurde auf den Uhren $C_{1,25}()$ und $C_{-1,25}()$ auch die Startzeit 0 eingestellt. Das würde auch der Synchronisation der Erduhren in der UTC entsprechen.

Wie die Ereignisse aus Sicht des B-Systems aussehen, wird im **oberen Teil der Abbildung 8** dargestellt. Die Entwicklung des Blitzes für das B-System ist in Grün dargestellt. Für das komplette C-System von $C_{-1,25}()$

bis $C_{1,25}()$ wird der Blitz in Blau dargestellt und für den verkürzten Anteil des C-Systems von $C_{-1}()$ bis $C_1()$ in Rot.

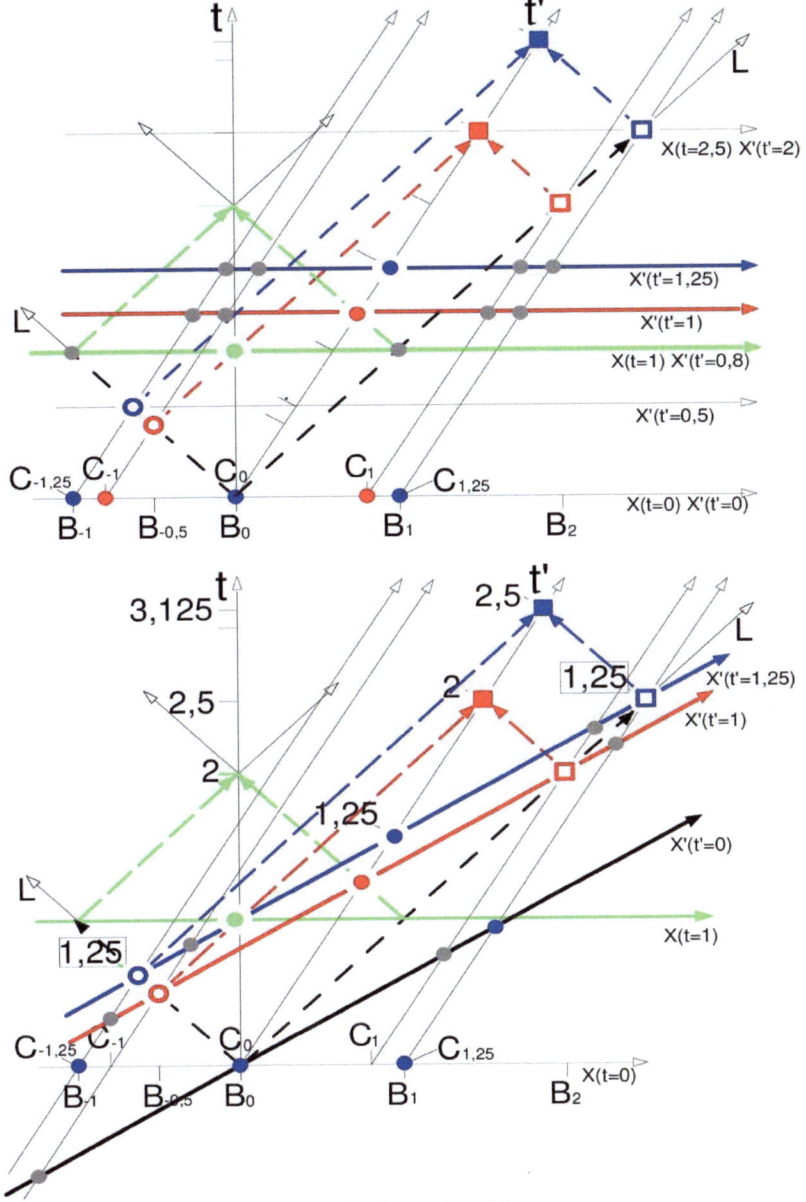

Abbildung 8a: räumliche Synchronisation nach UTC
8b: nach Einsteins Gleichzeitigkeitsdefinition

85

Wie sieht die Ereignisfolge aus der Sicht des C-Systems aus? Unter diesen Bedingungen ist die räumliche Gleichzeitigkeitssynchronisation für den ruhenden wie für den rotierenden Ring identisch. Die bewegten Uhren des C-Rings gehen langsamer. Hier gehen aber auch aus Sicht des C-Systems die ruhenden Uhren schneller. Der Lichtblitz braucht auch im C-System, nach den eigenen Uhren, für Hin und Rückweg zusammen, genau die Zeit, die er nach Länge der ausgelegten Urmeter brauchen sollte. Sowohl für das ganze C System von $C_{-1,25}()$ bis $C_{1,25}()$, als auch für den Anteil von $C_{-1}()$ bis $C_1()$.

Der in Westrichtung abgeschickte Teil des Lichtblitzes hat die Beobachtergruppe um $C_0()$ schon nach 0,5 s ihrer Uhren wieder erreicht (mit blauem Kreis $\mathbf{O}$ markiert), der in Ostrichtung abgeschickte Teil erst nach 2 s (mit blauem Quadrat $\Box$ markiert). Die Reflexionen aus beiden Richtungen sind gleichzeitig nach 2,5 s wieder zurück (mit blauem Kästchen $\blacksquare$ markiert). Auch für $C_0()$ wird der mit Urmetern auf 1,25 Ls ergänzte Ring mit Licht (Hälfte der Zeit für Hin- und Rückweg gemeinsam) als 1,25 Ls lang gemessen. Aber für den gesamten Umfang wird die Lichtgeschwindigkeit nicht in beiden Richtungen gleich schnell gemessen. Das sollte dann auch für jedes Teilstück gelten. Dabei spielt es keine Rolle, ob der Durchmesser des Rings der Erdbahn entspricht oder z.B. dem dreifachen Durchmesser der Milchstraße. Es gibt keinen Grund anzunehmen, dass sich die prinzipiellen Verhältnisse allein durch die Größe ändern. Die entsprechenden Synchronisationszeiten wurden auch für $C_1()$ und $C_{-1}()$ eingetragen. Die räumliche Synchronisation im bewegten C-System ist parallel mit der des nicht rotierenden B-Systems und entspricht damit auch der räumlichen Synchronisation der fest auf der Erde befindlichen Uhren im UTC.

Nehmen wir für das C-System eine räumliche Synchronisation der Uhren nach Einsteins Gleichzeitigkeitsdefinition vor. Danach sollen die Reflexionsereignisse gleichzeitig sein, mit der Hälfte der Zeit für Hin- und Rückweg. Die Uhr bei $C_{1,25}()$ muss dafür um 0,75 s zurückgestellt und die Uhr bei $C_{1,25}()$ um 0,75 s vorgestellt werden. Im **unteren Anteil der Abbildungen 8** sind die Uhrzeitwerte in Kästchen eingerahmt, die durch Verstellen der Uhrzeiger entstehen. Die dadurch entstehende Gleichzeitigkeitsebene bei t'=1,25 s wurde fett in Blau dargestellt. Auf die Weltlinien der Uhren und ihre Gangrate hat das keinen Einfluss. Die Differenzen der über den Zeitablauf angezeigten Zeit, die ja die Gangrate der Uhren wiedergeben, bleiben gleich. Die durch Verstellen der Uhren im C-System anders gemessene Gleichzeitigkeitsebene zur Zeit t'=1 wurde hier zum Vergleich der Abbildung 8 mit der Abbildung 3 ebenfalls durch einen Fetten roten Balken markiert.

Da $C_0()$, $C_{1,25}()$ und $C_{-1,25}()$ eine gemeinsame Weltlinie haben, erleben sie die mit blauem Kreis $\mathbf{O}$ und blauem Quadrat $\square$ markierten Ein-Ort-Ein-Zeit-Ereignisse, als 1,5 s auseinanderliegende Ereignisse und keinesfalls gleichzeitige Ereignisse. Aus kausalen Gründen können sie ihre Uhren nicht so miteinander räumlich synchronisieren, sondern nur so, wie im oberen Teil der Abbildung 8 dargestellt. Damit ist die Lichtgeschwindigkeit für das C-System nicht in beide Richtungen gleich schnell. Das sollte dann nicht nur für den gesamten Umfang gelten, sondern auch für jedes Teilstück. Die Beobachter $C_1()$ und $C_{-1}()$ können ihre Uhren nicht mehr direkt miteinander vergleichen, da sie sich nicht am selben Raumpunkt befinden. Aber auch so müssen sie sich in die Synchronisation einpassen, damit ihre Messungen mit den Messungen der anderen Beobachter zusammenpassen, was auch der tatsächlichen Synchronisation der stationären Erduhren im UTC entspricht. So, wie schon die Erduhren aus kausalen Gründen miteinander synchronisiert sind, würde auch ein Signal mit vierfacher Lichtgeschwindigkeit (dargestellt in Abbildung 5) zu keinen kausalen Problemen führen. Unter den realen Bedingungen der Erduhren zeigt die Uhr von $C_1()$ ja nicht wie in Abbildung 5 mit der roter Raute $\Diamond$ markiert die Zeit $C_1(0)$, sondern wie in der Abbildung 8a dargestellt beim rechten rotem Punkt $\bullet$. Das Eintreffen des über lichtschnellen Signals wäre auch bei $C_1()$ und $C_{-1}()$ auf jeden Fall nach dem Aussenden.

4.5 Auch ein tatsächlicher Effekt wird nicht immer gemessen

a) Bei der Rotation kommt es zu einer tatsächlichen Längenkontraktion. Trotzdem kann der mitrotierende Beobachter das nicht messen, solange er sich auf ein Teilstück beschränkt. Die Beobachter $C_0()$ und $C_1()$ haben in Ruhe einen Abstand von 1 Ls. Beschleunigen sie auf 0,6 c, kommt es zu einer tatsächlichen Längenkontraktion, wodurch sie vom nicht rotierenden Beobachter nur noch 0,8 Ls lang gemessen werden. Für ihre Uhren kommt es zu einer tatsächlichen Zeitdilatation, durch beides gemeinsam braucht das Lichtsignal für Hin- und Rückweg zusammen für alle Beobachter weiterhin auf der Uhr von $C_0()$ 2 s. Damit messen die rotierenden Beobachter ihre Abstände (Hälfte der Zeit für Hin- und Rückweg) weiterhin 1 Ls lang. Es wäre in ihrem Ring nur eine Lücke entstanden.

Bleibt die Zeigereinstellung der rotierenden Uhren in einer widerspruchsfreien Synchronisation, bleiben sie in einer der UTC vergleichbaren Gleichzeitigkeit. Aus der Sicht des rotierenden Beobachters mit dieser Gleichzeitigkeit wäre es beim ruhenden Ring zu einer Verlängerung gekommen, denn diesen misst er nach der Beschleunigung 1,25 Ls lang.

Hätten sie ihren Abstand beim Nichtrotieren mit Urmetern ausgelegt, hätte sich jetzt im rotierenden Zustand nichts geändert. Sie würden das Urmeter mit ihren Uhren und Lichtsignalen weiter als 1 m messen, auch wenn er sich tatsächlich verkürzt hat. Sie würden die noch ruhenden Urmeter aber als verlängert auf 1,25 m messen. Auch hier ist wieder die Frage: Was hat sich geändert? Hat sich der Raum an sich geändert, oder hat das Urmeter unter anderen physikalischen Bedingungen tatsächlich eine andere Länge?

Vergleichbar der Wärmeausdehnung beim Erhitzen eines Metallstabes. Wenn ein Metallstab sich unter der Wärme verlängert, ändert sich dann der Raum oder wird mein Metallstab länger. Hier wird klar entschieden, der Metallstab wird länger, weil diese Lösung besser mit anderen Vergleichen vereinbar ist.

b) Im Ruhezustand sendet $C_0()$ einen Laserstrahl aus. Dieser wird wie beim Michelson-Morley-Experiment geteilt. Der eine Teil wird zu $C_1()$ gesendet, dort am Spiegel reflektiert und dann bei $C_0()$ mit dem anderen Teil zur Interferenz gebracht. Das entspricht einem einarmigen Michelson-Morley-Experiment, oder extremen Kennedy-Thorndike-Experiment[17]. Vom Prinzip entspricht das auch einer Lichtuhr.[21] S.91 Den Abstand machen wir etwas handlicher, er soll nur 1 Mikrolichtsekunde betragen, was etwa 300 m wären. Nun wird der C-Ring langsam beschleunigt. Auch wenn es jetzt zu einer tatsächlichen Längenkontraktion kommt und die Uhren tatsächlich langsamer gehen, stellt $C_0()$ keine Verschiebung des Streifenmusters fest. Er kann die Veränderung der Geschwindigkeit mit dieser Methode nicht messen.

Markieren wir den Laserstrahl mit Zeitsignalen, würde bei $C_0()$ der gleiche Effekt auftreten. Werden diese bei $C_1()$ reflektiert, bleibt die Zeitdifferenz bei $C_0()$ immer gleich groß. Vergleicht $C_1()$ das Eintreffen der Zeitsignale aber mit der eigenen Uhr, dann stellt er fest, dass die Zeitsignale immer später eintreffen. Würde $C_1()$ den Laserstrahl von $C_0()$ mit dem Strahl eines eigenen Lasers zur Interferenz bringen, dann würde er auch eine Verschiebung des Interferenzmusters feststellen. Abgesehen von der zunehmenden Geschwindigkeit, ist die Größe dieses Effekts allein abhängig vom Abstand der Beobachter $C_0()$ und $C_1()$. Da der Effekt für Hin- und Rückweg zusammen immer Null entspricht, führt auch ein millionenfach hin und her reflektierter Lichtstrahl nur zu einem millionenfachen Nulleffekt. Das sollte man bei Messungen, mit einem dem

Michelson-Morley-Experiment entsprechenden Versuchsaufbau, berücksichtigen. Auch durch eine Beschleunigung bleibt das MME negativ, auch wenn es einen tatsächlich zu messenden Effekt gibt.

Ebenso könnte man mit der Einwegmessung nicht feststellen, ob der Ring rotiert oder nicht. Dieser Effekt tritt immer in Beschleunigungsrichtung auf, egal ob eine Rotation in gleiche Richtung beschleunigt wird oder eine entgegengesetzte Rotation abgebremst wird. Allgemein ausgedrückt: Eine Beschleunigung führt immer zu einem späteren Eintreffen der Zeitsignale in Beschleunigungsrichtung und einem früheren Eintreffen in entgegengesetzter Richtung. Allein mit idealen Uhren und Lichtsignalen kann man auf kleinen Teilstücken die Rotationsbewegung nicht nachweisen, da besteht kein Unterschied zu den sich geradlinig bewegenden Inertialsystemen.

4.6 Das Zwillingsparadoxon

Es wurde schon so viel darüber geschrieben, dass ich hier nur einige Punkte erwähnen möchte. Man hat mir einmal das Buch "Reisen durch die Raum-Zeit" von Leslie Marder [17] empfohlen. Wer Probleme mit dem Zwillingsparadoxon hat und mir nicht traut, sollte dieses lesen, denn es wird von Physikern allgemein akzeptiert. Ich zeige hier nur einige Ergänzungen. Eins ist sicher, Beschleunigungsvorgänge haben zwar Einfluss auf die Größe der Zeitdifferenz der Uhren, aber keinen grundlegenden Einfluss auf die Tendenz, welche Uhr bei der Wiederbegegnung weniger vergangene Zeit anzeigt. Für den Effekt ist allein entscheidend, wer für das Wieder-Zusammentreffen das Inertialsystem wechselt, also unter Energieaufwand umkehrt und wieder zurückfliegt. Das Umkehren unter Energieaufwand führt nicht nur dazu, dass er sich gegenüber dem anderen Zwilling anders bewegt, sondern er hat damit auch eine andere Geschwindigkeit gegenüber dem uns umgebenden Universum. Nicht nur bei der Rotation, sondern auch hier hat der Fixsternhimmel eine besondere Bedeutung.

Nehmen wir wieder das normale Beispiel, in dem $C_0()$ weg fliegt und wieder zurückkehrt. Man kann die Beschleunigung auch dadurch ausschalten, dass man den $C_0()$ in einer Schleife beschleunigen lässt und dann mit der gewünschten Reisegeschwindigkeit die Erde $B_0()$ passieren lässt. Für die Umkehr ist es etwas aufwändiger, aber auch möglich. Zur Erde $B_0()$ soll an dem vorgesehenen Umkehrpunkt ein Beobachter $B_1()$ ruhen. Wenn $C_0()$ bei $B_1()$ ankommt, stoppt er seine Uhr, beschleunigt wieder in einer Schleife und startet seine Uhr wieder, wenn er auf dem Rückweg an dem Beobachter $B_1()$ wieder vorbeifliegt. Da $B_1()$ zum Erdzwilling ruht, geht seine Uhr gleich schnell wie die Erduhr. Die Zeit, die auf dieser Uhr vergeht, vom Eintreffen des Raumfahrer-Zwillings bis zu seinem erneuten Vorbeiflug nach der Umkehrschleife, wird von der Zeit, die auf der Uhr von $B_0()$ vergeht, abgezogen.

Man kann diese Zeitdifferenz auch ausschalten, indem man einen Raumfahrer $D_0()$ in einer Schleife starten lässt und ihn so steuert, dass er $C_0()$ mit der gewünschter Rückreisegeschwindigkeit entgegenfliegen und so, dass sie sich bei $B_1()$ treffen. Im Moment ihrer Begegnung wird die Uhrzeit der Uhr $C_0(x)$ auf die Uhr des $D_0()$ übertragen, sodass es das Ereignis $C_0(x) + D_0(x)$ gibt. Die Uhrzeitübertragung ist sozusagen die symbolische Übergabe eines Staffelstabes. Beim Eintreffen von $D_0()$ bei der Erde würde diese Uhr dann weniger Zeit anzeigen als auf der Erduhr. Um Diskussionen über das Gravitationsfeld der Erde zu vermeiden, könnte man auch drei Raumschiffe außerhalb des Sonnensystems fliegen lassen.

Was verstehe ich nun daran als **paradox**? Aus der Speziellen Relativitätstheorie geht hervor, dass alle Inertialsysteme physikalisch vollkommenen gleichwertig sein sollen. Damit soll der Raumfahrer-Zwilling $C_0()$, er repräsentiert K', mit dem zurückbleibenden Erdzwilling $B_0()$, er repräsentiert zusammen mit $B_1()$ K, absolut gleichwertig sein. Aus Sicht des $C_0()$ soll auch die Uhr des $B_0()$ gleichwertig langsamer gehen. Auch für die Bewegung von $D_0()$ von $B_1()$ zu $B_0()$ gilt die physikalisch vollkommene Gleichwertigkeit für $D_0()$ und $B_0()$. Auch aus der Sicht von $D_0()$ soll auf dem Rückweg die Uhr $B_0()$ gleichwertig langsamer gehen.

Für mich ist paradox, dass auf beiden Wegen die Beobachterpaare jeweils physikalisch vollkommenen gleichwertig sein sollen, aber trotzdem ist tatsächlich die Summe der Zeiten von $C_0()$ und $D_0()$ kleiner als die Zeit, die auf der Uhr von $B_0()$ vergangen ist. Bei einem tatsächlich so durchgeführten Versuch würden alle das tatsächlich genau so messen. Wenn beide Wege tatsächlich völlig gleichwertig wären, dann müsste die Summe der Zeiten von $C_0()$ und $D_0()$ auch der Zeit von $B_0()$ entsprechen. Hier kann etwas nicht stimmen.

Das Problem besteht auch für ein anderes Beispiel des Zwillingsparadoxons, bei dem man zum Umkehrzeitpunkt einen Beobachter $D_0()$ von der Erde aus dem $C_0()$ mit entsprechend höherer Geschwindigkeit folgen lässt. Dann ist die Uhr von $D_0()$ aus Sicht des $C_0()$ umgekehrt und genau um so viel Sekunden langsamer gegangen, wie sich das aus Sicht des $C_0()$ nach den Lorentztransformationen ergibt. Die Ereignisabläufe sind tatsächlich so, ein real durchgeführter Versuch würde genau so ablaufen. Aber auch hier sollen nach der Speziellen Relativitätstheorie sowohl der

Hin- als auch der Rückweg tatsächlich gleichberechtigt sein, und trotzdem ist auch hier das Messergebnis unterschiedlich. Das passt für mich nicht. Da das Ergebnis tatsächlich nicht gleich ist, können die Bewegungsabläufe auch nicht tatsächlich gleichwertig sein.

Wie sieht das übertragen auf die Rotationssituation aus. Hier haben wir keine geradlinige Bewegung, sondern eine Kreisbewegung entlang eines Ringes. Das B-System soll den nicht rotierenden Ring repräsentieren. Das C-System soll den rotierenden Ring repräsentieren und mit 0,6 c Tangential-Geschwindigkeit rotieren, um anschauliche Werte zu erhalten. Das geht vom Prinzip her auch mit der Erdrotationsgeschwindigkeit oder mit anderen Ringen mit viel größerem Durchmesser. In diesem System sind die Uhren der Universal Time Coordinated UTC entsprechend synchronisiert. Auf eine dritten Ring, der mit 0,8 c Tangentialgeschwindigkeit rotiert, soll der Beobachter $D_0()$ sitzen. Er repräsentiert den raumfahrenden Zwilling.

Dann gibt es das Ereignis $B_0(0) + C_0(0) + D_0(0)$, in der **Abbildung 10a** markiert mit schwarzem Punkt ●. Die Weltlinie des $D_0()$ ist als fette Linie dargestellt. Dann erreicht $D_0()$ nach 4 s des B-Systems den $C_1()$ bei $B_{3,2}(4)$. Da sich $D_0()$ aus Sicht des B-Systems mit 0,8 c bewegt, ergibt sich aus der Lorentztransformation für 4 s eine Zeit von 2,4 s die auf der Uhr von $D_0(2,4)$ angezeigt wird. Für $C_1()$ ergibt sich bei 0,6 c eine Zeit von 3,2 s. Es gibt damit das Ereignis $B_{3,2}(4) + C_1(3,2) + D_0(2,4)$, markiert mit schwarzem Kreis ◯.

Nun lassen wir $D_0()$ sich aus Sicht des B-Systems nur noch mit 0,2 c bewegen, dann ist $D_0()$ nach weiteren 2 s der B-Zeit bei $C_0()$ zurück. Aus der Sicht des B-Systems vergehen dabei auf der Uhr von $D_0()$ weitere 1,96 s. Es gibt also das Ereignis $B_{3,6}(6) + C_0(4,8) + D_0(4,36)$, markiert mit schwarzem Kästchen ■.

Um die Beschleunigungsprobleme zu vermeiden hätten wir auch einen Beobachter $E_0()$ sich mit 0,2 c gegen das B-System bewegen lassen können, der genau in dem Moment der Begegnung von $C_0()$ und $D_0()$ hier eintrifft und dann die Zeit von $D_0()$, hier also $D_0(2,4)$ auf seiner Uhr einstellt. Aus Sicht des B-Systems wären dann bis zur Begegnung mit $C_0()$ 1,96 s vergangen. Er würde also die Zeit $E_0(4,36)$ anzeigen.

Im C-System sind die Uhren wie im UTC synchronisiert. Aus Sicht des $C_0()$ stellt die Bewegung des $D_0()$ die Reise des Raumfahrer-Zwillings dar. Er muss aber feststellen, dass die Uhr von $D_0()$ auf der Hinreise sehr langsam geht und zwar deutlich langsamer, als es sich aus der Lorentztransformation für ihn ergeben würde. Es vergehen im C-System zwischen den gleichzeitigen Ereignissen $B_0(0) + C_0(0) + D_0(0)$ (mit schwarzem Punkt ● markiert) und $C_1(0)$ bis zu den gleichzeitigen Ereignissen $C_0(3,2)$ (mit schwarzer Raute ◇ markiert) und $B_{3,2}(4) + C_1(3,2) + D_0(2,4)$ (mit schwarzem Kreis ○ markiert) 3,2 s, auf der Uhr von $D_0()$ aber nur 2,4 s.

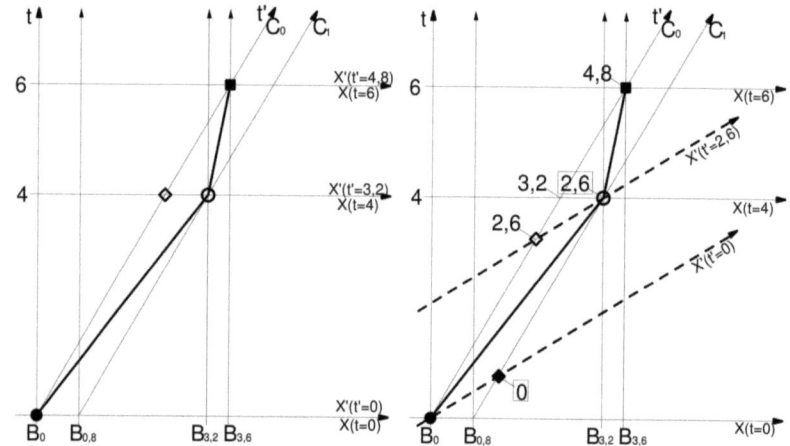

Abbildung 10a und 10b: Zwillingsparadoxon dargestellt bei tangentialer Bewegung entlang eines Äquators.

Zwischen der Begegnung von $D_0()$ mit $C_1()$ und dem Wieder-Zusammentreffen von $C_0()$ und $D_0()$, dem Ereignis $B_{3,6}(6) + C_0(4,8) + D_0(4,36)$ (mit schwarzem Kästchen ■ markiert), vergehen auf der Uhr von $C_0()$ 1,6 s (4,8 - 3,2 = 1,6), dagegen auf der Uhr von $D_0()$ mehr Sekunden, nämlich 1,96 s (4,36 - 2,4 = 1,96). Bei der Rückreise geht die Uhr von $D_0()$ schneller als die Uhren im C-System. In der Summe sind aber auf der Uhr von $D_0()$ entsprechend der Lorentztransformation für das Zwillingsparadoxon nur 4,36 s vergangen und auf der Uhr von $C_0()$ 4,8 s.

Nehmen wir für das C-System jetzt eine räumliche Gleichzeitigkeitssynchronisation nach Einsteins Gleichzeitigkeitsdefinition vor, dann müssen wir nur den auf der Uhr von $C_1()$ angezeigten Wert um 0,6 s zurückstellen[20]. Das hätte keinen Einfluss auf die tatsächliche Ereignisfolge der Schwingungen der Atomuhren, oder der Weltlinien irgendeines Atoms, nur die tatsächlich angezeigten Uhrzeitwerte wären unterschiedlich und damit die Messwerte, die wir erlangen, durch die andere räumliche Synchronisation unserer Messinstrumente. Dargestellt in **Abbildung 10b.** Dann zeigt die Uhr von $C_1()$ bei dem Ereignis der Begegnung von $C_1()$ mit $D_0()$ nur 2,6 s (3,2 - 0,6 = 2,6) an und es gibt das Ereignis

---

20 Vergleichbar mit dem Zurückstellen der Uhr im Herbst von der Sommerzeit wieder auf die Winterzeit.

$B_{3,2}(4) + C_1(2,6) + D_0(2,4)$, (mit schwarzem Kreis **O** markiert). Aus dieser räumlichen Gleichzeitigkeitssynchronisation des C-Systems, wäre zwischen den im C-System gleichzeitigen Ereignissen $B_0(0) + C_0(0) + D_0(0)$ (mit schwarzem Punkt ● markiert) und $C_1(0)$ mit schwarzem gedrehten Kästchen ◆ markiert) bis zu den im C-System gleichzeitigen Ereignissen $C_0(2,6)$ (mit schwarzer gedrehter Raute ◇ markiert) und $B_{3,2}(4) + C_1(2,6) + D_0(2,4)$ (mit schwarzem Kreis **O** markiert) nur 2,6 s vergangen und auf der Uhr von $D_0()$ wären weiterhin nur 2,4 s.

Für den Rückweg bis zum Ereignis $B_{3,6}(6) + C_0(4,8) + D_0(4,36)$ (mit schwarzem Kästchen ■ markiert) vergehen dann im C-System 2,2 s (4,8 - 2,6 = 2,2) und auf der Uhr von $D_0()$ für diesen Weg weiterhin 1,96 s. Damit geht aus dieser räumlichen Gleichzeitigkeitssynchronisation heraus die Uhr von $D_0()$ auch für den Rückweg langsamer. Vom C-System aus betrachtet bewegt sich die Uhr von $D_0()$ auf dem Rückweg von $C_1()$ zu $C_0()$ schneller als auf der Hinreise, also muss die Zeitdilatation auch größer sein, was zu einer größeren Zeitdifferenz von 0,24 s für die Rückreise zu 0,2 s für die Hinreise führt. Die Berechnungen stimmen bei dieser Synchronisation auch aus der Sicht des C-Systems mit der Lorentztransformation überein. Also auch bei der Rotation lässt sich das Zwillingsparadoxon der Inertialsysteme unter Einsteins Gleichzeitigkeitsdefinition messtechnisch nachvollziehen. Hier wissen wir aber, dass die westwärts bewegte Uhr tatsächlich schneller geht. Hier sind die Wege des umkehrenden Zwillings nicht tatsächlich physikalisch gleichwertig.

Es gibt eine einfache Erklärung für das Zwillingsparadoxon wenn man das Bewegungsprinzip auf das Gravitationsfeld zulässt. Dann bewegen sich die Zwillinge B und C mit der Geschwindigkeit x zum Gravitationsfeld. Beschleunigen wir jetzt einen den Zwillinge C zufällig mal in Richtung der x-Bewegung, dann ändert er damit seine Geschwindigkeit nicht nur gegenüber dem anderen Zwilling, sondern auch gegenüber dem Gravitationsfeld. Er wird schneller. Für das Ergebnis welche Uhr bei der Wiederbegegnung langsamer gegangen ist, ist nur entscheidend wer von beiden umkehrt. Zum Umkehren muss der Zwilling C erneut Energie aufwenden und abbremsen und ist in der zweiten Phase langsamer zum Gravitationsfeld als der zurückgebliebene Zwilling B.

Nach den Lorentztransformationen nimmt die Zeitdilatation exponentiell zu. Damit ist der Effekt des langsamer Gehens bei der höheren Geschwindigkeit größer, als der Effekt des schneller Gehens bei der niedrigeren Geschwindigkeit. Darum ist auch auf seiner Uhr in der Summe weniger Zeit vergangen.

Die Lorentztransformationen haben da so ihre Eigenwilligkeiten. Es spielt auch keine Rolle ob die Relativgeschwindigkeit für Hin- und Rückweg gleichgroß ist. Das hat nur einen Effekt auf die Größe des Zeitunterschieds, aber nicht auf die Tendenz. So wie in Abbildung 10 der Hin- und Rückweg ja auch nicht gleich schnell dargestellt ist.

Der Beobachter C könnte auch mit einer relativ zum Gravitationsfeld größeren Geschwindigkeit als x zurückkehren, dann wäre er in beiden Richtungen schneller als B, also auch klar warum auf seiner Uhr weniger Zeit vergangen ist. C muss auch nicht in Richtung der x-Bewegung beschleunigen, je mehr sich der Winkel der Beschleunigungsrichtung zur x-Richtung 90° nähert umso mehr gleicht sich der Geschwindigkeitsunterschied für Hin- und Rückweg an. Bei 90° ist er dann auf beiden Wegen gleich groß, aber eben auf beiden Wegen schneller.

In der räumlichen Gleichzeitigkeit liegt das Problem des Zwillingsparadoxons. Bei Bewegungen entlang eines Ringes kann der Raumfahrer-Zwilling immer die Umrundung vervollständigen und seine Uhr mit dem zurückgebliebenen Zwilling vergleichen, bevor er wieder zurückkehrt. Damit ist der Vergleich der Uhren für Hin- und Rückreise getrennt durch Ein-Ort-Ein-Zeit-Messungen klar für jeden Beobachter eindeutig bestimmbar. Damit ist aber auch schon der einfache Reiseweg eindeutig messbar und lässt für alle Beobachter gemeinsam nur drei Möglichkeiten als Ergebnis zu.

1. Seit der Trennung bis zur Wiederbegegnung gab es auf beiden Uhren gleich viele Cäsium Takte.

2. Bei der einen Uhr gab es weniger Cäsium Takte und damit auch eindeutig auf der anderen mehr.

3. Ein umgekehrtes Verhalten der Uhren ist möglich, aber dann auch für beide gleich gültig.

Das Gleiche gilt für den Rückweg.

Zu keiner Phase des Versuchsablaufs sind die Bewegungen für beide Beobachter tatsächlich physikalisch gleichwertig. Es gibt nur einen Spezialfall: Wenn sich beide Beobachter zu einem nicht rotierenden Ring mit gleich großer Geschwindigkeit in entgegengesetzter Richtung bewegen. Dann ist bei ihrer erneuten Begegnung aber auch für beide die gleiche Zeit vergangen. Wenn beide mit gleichem Energieaufwand umkehren und dann mit vielleicht einer anderen, aber wieder für beide gleich großen Geschwindigkeit zurückkehren, sind die Bewegungen für beide Beobachter in beiden Phasen tatsächlich physikalisch gleichwertig. Dann wird auf ihren Uhren aber auch gleich viel vergangene Zeit angezeigt.

Beschränkt man sich auf ein Teilstück, gilt prinzipiell das Gleiche. Hier kann man nur keine eindeutigen Ein-Ort-Ein-Zeit-Ereignisse messen, weil die Uhren an unterschiedlichen Raumpunkten umkehren und dadurch ein Vergleich der Uhren nur über definierte Messanweisungen möglich ist. Der Vergleich ist willkürlich abhängig von der Gleichzeitigkeitsdefinition, und somit nur so gültig wie die Messanweisung.

Räumlich auseinander liegende Ereignisse können kausal nur mit Hilfe des schnellsten zur Verfügung stehenden Informationsmittels in eine zeitliche Reihenfolge gebracht werden. Innerhalb dieser Zeitschleife, vom Aussenden bis zum wieder Empfangen, kann eine Gleichzeitigkeit nicht näher bestimmt werden. Das gilt für jede Geschwindigkeit, auch für eine über Licht schnelle Informationsweitergabe. Würde man eine solche entdecken, würde sie auch bei der gradlinigen Bewegung kausal die mögliche relative Bewegungsgeschwindigkeit für Licht eingrenzen. Entsprechend des direkten Signalvergleichs an einem Ort, wenn ein Lichtblitz einen Ring bei der Rotation komplett umrundet hat.

5. Raum, Zeit und Raum-Zeit

5.1 Ihre Ausgangsbedingungen

Wenn man ausgeht von der absoluten Konstanz der Lichtgeschwindigkeit und der Gleichberechtigung aller Inertialsysteme, kommt man logisch zu den Lorentztransformationen und zu der logischen Konsequenz, dass es keine höhere als die Lichtgeschwindigkeit geben kann. Da muss man Einstein widerspruchsfrei folgen. Mit Informationssignalen, die schneller als die Lichtgeschwindigkeit transportiert werden, egal auf welcher physikalischen Basis, könnten ebenfalls Weltlinien erstellt werden, die dann aber aus kausalen Gründen unvereinbar wären mit Einsteins Gleichzeitigkeitsdefinition. Die räumliche Gleichzeitigkeit würde durch überlichtschnelle Signale stärker eingeengt werden. Damit kann auch für linear zueinander bewegte Beobachter nicht für alle die Lichtgeschwindigkeit in beiden Richtungen tatsächlich gleich groß sein.

Es muss geklärt werden, von welcher Basis man ausgeht. Bedeutet der unterschiedliche Gang der Uhren in unterschiedlicher Höhe zur Erde, also in unterschiedlichen Bereichen des Gravitationsfeldes, auch eine Veränderung der Zeit an sich? Warum geht dann die Pendeluhr auf dem Berg langsamer? Ich gehe davon aus, dass die Zeit an sich davon nicht berührt wird. Nur die Gangrate der Uhr ändert sich durch die unterschiedlichen Umgebungsbedingungen. Das kann man dann lokale Zeit oder Eigenzeit[21] nennen.

Auch wenn sich eine Uhr rückwärts dreht, geht die Zeitachse ihrer Weltlinie weiter vorwärts. Geht jemand davon aus dass sich auch ihre Weltlinie umkehrt, verlässt er den Pfad der Kausalität und es ist alles möglich. Sicherlich kann dies in der sprachlichen Realität so dargestellt werden, es ist für mich aber kein in der Naturrealität tatsächlich vorkommender Vorgang.

Die relativen Verhältnisse der Beobachter zueinander werden zweifelsfrei durch die Lorentztransformationen korrekt beschrieben. Die sich aus den Lorentztransformationen ergebenden Beziehungen der Beobachter zueinander werden in Minkowskidiagrammen sehr anschaulich dargestellt. Anhand dieser Diagramme hatte ich im vorhergehenden Kapitel 4 schon einige Probleme dargestellt.

Alle kausal unverständlichen Wirrungen ergeben sich allein aus dem Postulat der absoluten Konstanz der Lichtgeschwindigkeit und sind nur den Bedingungen der SRT eigen.

Immer wenn die Gravitation ins Spiel kommt, gilt die Spezielle Relativitätstheorie nicht. Wo in dem uns umgebenden Universum gibt es einen Bereich, an dem keine Gravitation herrscht? Ich möchte Einstein aus seiner Rede, gehalten am 5. Mai 1920 an der Reichs-Universität zu Leiden, zitieren:

"Kein Raum und auch kein Teil des Raumes ohne Gravitationspotentiale; denn diese verleihen ihm seine metrischen Eigenschaften, ohne welche er überhaupt nicht gedacht werden kann. Die Existenz des Gravitationsfeldes ist an die Existenz des Raumes unmittelbar gebunden."

Hierin stimme ich mit Einstein völlig überein, soweit es den durch den Menschen messbaren Raum betrifft.

Wenn man ein Medium hat, egal woraus es besteht, auf das alle Masseteilchen wirken und das auf alle Masseteilchen wirkt, liegt eine Struktur vor, zu der man zwangsläufig einen Bewegungszustand angeben kann. Bei einem Medium wie dem Wasser oder einem Gas ist das kein Problem, weil man die einzelnen Masseteilchen beobachten kann oder bei der Bewegung durch das Medium den Widerstand messen kann. Wir können den Gravitationsäther in seiner Wirkung beobachten, aber das reicht nicht um die Geschwindigkeit dazu zu bestimmen. Um es bildlich zu beschreiben, wäre das so als wollte man aus der Bewegung von Sand und Kies in einem Flussbett die Geschwindigkeit zum Wasser bestimmen, auch wenn man dabei das Wasser selbst nicht beobachten kann.

---

21 [11] S.88, [22] S.103

Wie könnte man eine Bewegung gegen den Gravitationsäther feststellen? Keine einfache Aufgabe, und es ist allein mit idealen Uhren und dem Licht auch unmöglich, das geht aus den Lorentztransformationen hervor.

Einstein sagt in seiner oben genannten Rede auch:

"Der Raum-Zeittheorie und Kinematik der Speziellen Relativitätstheorie hat die Maxwell-Lorentzsche Theorie des elektromagnetischen Feldes als Modell gedient. Diese Theorie genügt daher den Bedingungen der speziellen Relativitätstheorie; sie erhält aber, von letzterer aus betrachtet, ein neuartiges Aussehen. Sei nämlich K ein Koordinatensystem, relativ zu welchem der Lorentzsche Äther in Ruhe ist, so gelten die Maxwell-Lorentzschen Gleichungen zunächst in Bezug auf K. Nach der Speziellen Relativitätstheorie gelten aber dieselben Gleichungen in ganz umgeändertem Sinne auch in Bezug auf jedes neue Koordinatensystem K', welches in Bezug auf K in gleichförmiger Translationsbewegung[10] ist. Es entsteht nun die bange Frage: Warum soll ich das System K, welchem die Systeme K' physikalisch vollkommen gleichwertig sind, in der Theorie vor Letzterem durch die Annahme auszeichnen, dass der Äther relativ zu ihm ruhe? Eine solche Asymmetrie des theoretischen Gebäudes, dem keine Asymmetrie des Systems der Erfahrungen entspricht, ist für den Theoretiker unerträglich. Es scheint mir die physikalische Gleichwertigkeit von K und K' mit der Annahme, dass der Äther relativ zu K ruhe, relativ zu K' aber bewegt sei, zwar nicht vom logischen Standpunkte geradezu unrichtig, aber doch unannehmbar."

Im Kapitel 5.4 möchte ich eine Methode beschreiben mit der man die Bewegung zum Gravitationsfeld messen kann. Das würde der Erfahrung einen Unterschied zwischen K und K' vermitteln. Die Messung macht dann auch keinen Unterschied zwischen einer Rotationsbewegung und einer geradlinigen Bewegung. Beides wären Bewegungen zum Gravitationsfeld. Und so wie bei der Rotation, bei der die zum Gravitationsfeld bewegten Uhren langsamer gehen, misst man sie dann auch bei geradliniger Bewegung als langsamer gehend.

5.2 Was bedeutet Rotation?

Bauen wir uns zwei ringförmige Gerüste. Der Durchmesser kann prinzipiell beliebig sein. Beginnen wir mit dem Durchmesser der der Erdbahn um die Sonne entspricht. Auf den Ringen sitzt jeweils ein Beobachter mit seiner Uhr. Wir nennen sie B und C. Um nicht durch irgendwelche Masseneffekte irritiert zu werden, lassen wir das ganze weit entfernt von Massenansammlungen stattfinden, zum Beispiel zwischen zwei weit voneinander entfernten Galaxien. Was entscheidet jetzt darüber, ob die Beobachter eine Zentrifugalkraft messen oder nicht? Gehen wir davon aus, dass sie keine Zentrifugalkraft messen. Jetzt beschleunigen wir den Ring vom Beobachter C. Jetzt rotieren B und C zueinander. Die Erfahrung lehrt uns, dass jetzt C eine Zentrifugalkraft misst, die mit zunehmender Geschwindigkeit größer wird. Warum misst C die Zentrifugalkraft, und warum nicht B?

Wenn der Raum wirklich leer ist und man sich zu nichts bewegen kann, dann bewegt sich nur B gegen C. Was könnte im leeren Raum jetzt überhaupt eine Zentrifugalkraft hervorrufen und entscheiden bei wem die Zentrifugalkraft auftritt.

Allgemein wird man feststellen können, dass keine Zentrifugalkraft gemessen wird, wenn man zu den umliegenden Galaxien nicht rotiert. Je schneller man zu den Galaxien rotiert, je größer wird die Zentrifugalkraft.

Es wird immer wieder vom leeren Raum gesprochen.[22] Wie wird er definiert? Bei vielen Rechnungen tut man so als wäre er wirklich leer. Aber ganz unauffällig wird dann wieder gesagt dass das Gravitationsfeld überall im Universum ist[23].

Max Born [6] schreibt auf S.73: „...*Diese Tatsache, daß gewisse physikalische Vorgänge sich durch den Weltenraum fortpflanzen, hat früh zu der Hypothese geführt, daß der Raum gar nicht leer, sondern mit einem äußerst feinen, unwägbaren Stoff, dem Äther, erfüllt sei, der der Träger dieser Erscheinungen ist. Soweit man diesen Begriff des Äthers heute noch gebraucht, versteht man darunter nichts anderes als den mit gewissen physikalischen Zuständen oder Feldern behafteten leeren Raum. Wollten wir uns gleich von vornherein auf eine solche abstrakte Begriffsbildung festlegen, ...*"

Um „gewisse physikalische Zustände" annehmen zu können, muss etwas vorhanden sein. Was immer das ist und wenn wir das auch nicht genau bestimmen können, so ist es doch etwas ganz konkretes und nichts Abstraktes. Wir können es nicht nur in seiner lokalen, sondern auch überall in seiner Wirkung feststellen.

Damit gibt es in dem uns umgebenden Universum keinen leeren Raum, denn dieser ist angefüllt mit dem Gravitationsfeld. Es gibt also

---

22 [12] S.462 „Der freie Fall in einem Schwerefeld ist äquivalent zur kräftefreien Bewegung im leeren Weltraum." [21] S.24 „Warum die träge Masse ... auch in einer Welt , in der es keine Gravitation gibt, auftreten sollte" S.26 „Nur in der vollständigen Abwesenheit von Gravitation (wie es in der SRT idealisierenderweise angenommen wird)

23 [12] S.530 „Im gesamten Universum gibt es keinen Ort, der vollkommen frei von Schwerefeldern wäre."

nur einen massearmen Bereich im Gravitationsfeld. Das Gravitationsfeld ist es dann auch was die Zentrifugalkraft bestimmt.

Dazu ein Zitat aus Einsteins oben genannter Rede: *„...Dieser Mach-sche Äther bedingt nicht nur das Verhalten der trägen Massen, sondern wird in seinem Zustand auch bedingt durch die trägen Massen.*

Der Machsche Gedanke findet seine volle Entfaltung in dem Äther der allgemeinen Relativitätstheorie. Nach dieser Theorie sind die metrischen Eigenschaften des Raum-Zeit-Kontinuums in der Umgebung der einzel-nen Raum-Zeitpunkte verschieden und mitbedingt durch die außerhalb des betrachteten Gebietes vorhandene Materie. Diese raum-zeitliche Veränderlichkeit der Beziehungen von Maßstäben und Uhren zueinan-der, bzw. die Erkenntnis, daß der "leere Raum" in physikalischer Bezie-hung weder homogen noch isotrop sei, welche uns dazu zwingt, seinen Zustand durch zehn Funktionen, die Gravitationspotentiale g_{mn} zu be-schreiben, hat die Auffassung, daß der Raum physikalisch leer sei, wohl endgültig beseitigt. Damit ist aber auch der Ätherbegriff wieder zu ei-nem deutlichen Inhalt gekommen, freilich zu einem Inhalt, der von dem des Äthers der mechanischen Undulationstheorie des Lichtes weit ver-schieden ist. Der Äther der allgemeinen Relativitätstheorie ist ein Medi-um, welches selbst aller mechanischen und kinematischen Eigenschaften bar ist, aber das mechanische (und elektromagnetische) Geschehen mit-bestimmt."

Wenn aber überall das Gravitationsfeld ist, dann bewegt man sich auch überall zu Gravitationsfeld. Egal ob zwischen zwei Galaxien, um die Sonne herum oder direkt auf die Sonne zu.

Wenn man Schallsignale in der Atmosphäre aussendet, erdfern, erdnah oder senkrecht auf die Erde zu oder von ihr weg, ist das für mich alles äquivalent, auch wenn die Schallgeschwindigkeiten unterschiedlich sind. Die oben genannten Bewegungen eines Körpers, dem keine Energie zu-geführt wird oder der keine Energie abgibt, sind deshalb aus meiner Sicht genauso äquivalent. Da sehe ich keinen Unterschied in der Bewe-gung zum Schalltransportmedium oder der Bewegung zum Gravitations-feld. Deshalb ist für mich auch eine Lichtgeschwindigkeit, die konstant zum Gravitationsfeld ist, kein Widerspruch zum Äquivalenzprinzip.

Schlüsseln wir die Effekte im Einzelnen auf. Jedes Mal, wenn sich B und C bei ihren Umrundungen wieder begegnen, können sie ihre **Uhren** direkt miteinander vergleichen. Dann ist immer dessen Uhr langsamer gegangen, der zu den umliegenden Galaxien schneller rotierte. In diesem Fall entspricht das auch einer höheren Zentrifugalkraft. Haben beide die gleiche Zentrifugalkraft gemessen, dann sind ihre Uhren auch gleich schnell gegangen. Zum Beispiel wenn sie nicht rotieren oder sie in entgegengesetzter Richtung gleich schnell rotieren. Allgemein kann man festhalten, dass sie außer in den letztgenannten Spezialfällen zur Bewegung nie gleichberechtigt sind.

Wie sieht es mit **Lichtsignalen** aus? Um die Ringe der Beobachter denken wir uns eine Spiegelwand, an der sie ihre Lichtsignale in beiden Richtungen entlang senden können. Bei ihrer Begegnung senden B und C einen Lichtblitz aus. Da der Lichtblitz für die Umrundung einige Zeit benötigt und sich die Beobachter während dieser Zeit weiterbewegen, kann festgestellt werden, dass der Blitzanteil, der sich in C-Richtung bewegt (ich nenne ihn c-Blitz) in jedem Fall zuerst B und dann erst C erreicht und der Anteil, der sich in entgegengesetzter Richtung bewegt (ich nenne ihn b-Blitz) zuerst C und dann B erreicht. Da sich Licht mit einer einheitlichen Front ausbreitet ist eindeutig, dass die Blitze nach kompletter Umrundung nur einen von beiden Beobachtern wieder gleichzeitig erreichen können. Aus tatsächlichen Beobachtungen können wir schließen, das ist der Beobachter, der zu den umliegenden Himmelserscheinungen nicht rotiert. Für den dazu bewegten Beobachter ist die Lichtgeschwindigkeit nicht in beide Richtungen gleich groß.

All diese logisch kausal entwickelten Bedingungen werden messtechnisch durch die Erfahrungen bei der Satellitennavigation tatsächlich bestätigt. Hier gibt es für die Rotation eindeutig ein bevorzugtes Ruhesystem das auch für die Bewegung des Lichts gilt. Sind die Uhren der Beobachter nach der Universal Time Coordinated miteinander synchronisiert, braucht ein Lichtsignal von einem westlichen gelegenen Beobachter zu einem östlichen Beobachter geschickt, für diese Richtung länger, als in entgegengesetzter Richtung.

Wie kann die **Rotationsbewegung** überhaupt festgestellt werden?

1.　　durch die Zentrifugalkraft.

2.　　durch den Vergleich des Eintreffens von Lichtsignalen, die man jeweils eine Umrundung entlang der Kreisbahn in beide Richtungen gesendet hatte. Das entspricht dem Sagnac-Effekt oder dem Michelson-Gale-Versuch.

3.　　durch Beobachtung von astronomischen Ereignissen und ihre zeitliche Zuordnung zu dem Winkel, in dem man sie von seiner Position aus sieht.

Übertragen wir das auf die Ringe und lassen zunächst die beiden Ringe nebeneinander zu den umliegenden Ereignissen am Himmel ruhen. Betrachten wir jeweils nur ein kleines gleichgroßes **Teilstück dieser Ringe**, an deren Enden Beobachter mit ihren Uhren sitzen. Jeder der Beobachter hat eine ideale Atomuhr, die alle gleich geeicht sind, also der Definition gemäß die Sekunden anzeigen. Daneben bauen wir zwei zu den Teilstücken gleichlange Raumschiffe, in denen sich jeweils zwei Beobachter mit genau dem gleichen Abstand befinden. Jeweils alle vier Beobachterpaare führen eine räumliche Synchronisation ihrer Uhren nach Einsteins Gleichzeitigkeitsdefinition durch.

Dann beginnt einer der beiden Ringe zu rotieren. Und eins der Raumschiffe beschleunigt in einer Schleife, sodass es sich tangential mit der gleichen Tangentialgeschwindigkeit des rotierenden Ringes an dem ruhenden Ring mit dem daneben befindlichen Raumschiff vorbei bewegt. Den nicht rotierenden Ring nennen wir K, den rotierenden Ring K', die zu K ruhende Rakete R und die vorbeifliegende Rakete R', siehe **Abbildung 11**. Nach der Beschleunigung stellen die Beobachter K' und R' fest, dass sie bei der jetzigen Synchronisation das Licht nicht in beiden Richtungen als gleich schnell messen. Um das zu erreichen müssen die Beobachter K' und R' ihre Uhren jeweils neu räumlich synchronisieren.

Nach **Einsteins Gleichzeitigkeitsdefinition** (siehe auch Kap.2.3) müsste jetzt ein dritter Beobachter jeweils die Mitte zwischen den Beobachterpaaren ausmessen und hier beobachten, welche Ereignisse von den Beobachtern gleichzeitig bei ihm eintreffen. Ausgehend von der Konstanz der Lichtgeschwindigkeit ist damit gleichwertig auch ein Aussenden eines Lichtblitzes in der Mitte bei diesem Beobachter. Das Eintreffen des Lichtblitzes bei den anderen Beobachtern wäre dann gleichzeitig. Eine dazu einfachere Methode, insbesondere wenn sich weitere Beobachter in eine schon bestehende Kette eingliedern oder anhängen ist folgende:

Dazu sendet der erste Beobachter ein Zeitsignal aus, das wird beim anderen Beobachter reflektiert, und beim ersten Beobachter wird die Zeit gemessen, die das Signal für Hin- und Rückweg gebraucht hat. Der zweite Beobachter stellt jetzt seine Uhr so ein, dass sie beim Eintreffen des Zeitsignals die Zeitangabe des Zeitsignals plus die Hälfte der Zeit für Hin- und Rückweg anzeigt. Die Hälfte der Zeit für Hin- und Rückweg entspricht auch dem Abstand der beiden in Lichtsekunden (Ls) gemessen.

Waren vor dem Start alle Uhren räumlich miteinander synchronisiert, dann müssen die Uhren von K' und R' neu synchronisiert werden. Um jeweils eine Synchronisation nach Einsteins Gleichzeitigkeitsdefinition zu erreichen, muss die vordere Uhr von K' und R' um einen bestimmten Betrag zurückgestellt werden oder die hintere Uhr um den Betrag vorgestellt werden. Der Betrag ist nur abhängig vom Abstand der Uhren und von dem Ausmaß der geänderten Geschwindigkeit.

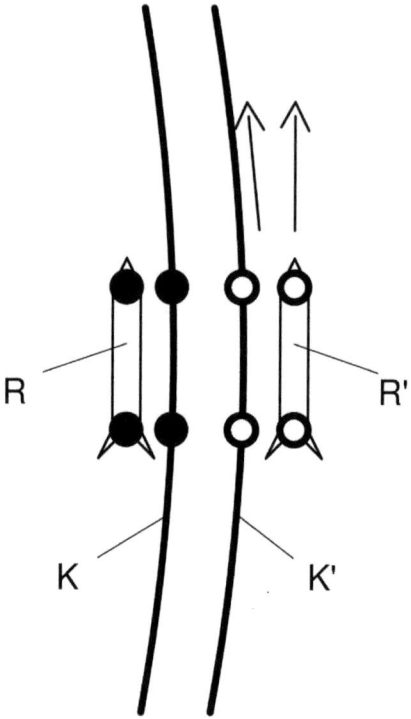

Abbildung 11: K und K' stellen Teilstücke der Ringkonstruktionen dar. R und R' sind daneben befindliche Raumschiffe. R ruht zu K. R' bewegt sich mit der Tangential-geschwindigkeit von K' tangential an K und R vorbei. K' bewegt sich auf der Kreis-bahn an den Beobachtern auf K und R vorbei. Warum soll die räumliche Gleichzeitig-keit in R' anders sein als bei R, K und K', bei denen die räumliche Gleichzeitigkeit aus kausalen Gründen gleich ist?

Bewegen sich jetzt die Beobachtergruppen aneinander vorbei, entstehen für alle die gleichen, wie Einstein sie nannte, "gleichzeitigen Ereignisse". Z.B. wenn ein Zug am Bahnhof vorbei fährt und ein Beobachter im Zug oder auf dem Bahnsteig seine Uhr und die Bahnhofsuhr gleichzeitig abliest. Oder wie ich sie nenne, Ein-Ort-Ein-Zeit-Ereignisse. Es sind Begegnungen von zwei oder mehreren Beobachtern zu einem Zeitpunkt an einem Ort, auch wenn sie zu verschiedenen Beobachtungssystemen gehören, die sich gegeneinander bewegen. Dabei lesen die Beobachter die zu der Begegnung auf ihren Uhren angezeigte Zeit ab. Alle Beobachter, auch die davon räumlich weiter entfernten, müssen alle dieses Ereignis mit ihren eigenen Messungen in Einklang bringen. Das gilt für die Beobachterpaare auf den Ringen genauso wie in den Raumschiffen.

Da auf den Ringen und in den Raumschiffen die Uhren jeweils nach Einsteins Gleichzeitigkeitsdefinition synchronisiert wurden, messen alle Beobachterpaare den Abstand der jeweils dazu bewegten Beobachterpaare als verkürzt und die Uhren der anderen als langsamer gehend. Das gilt auch hier bei der Rotation[24]. Auch das rotierende Beobachterpaar misst unter dieser räumlichen Synchronisation nach Einsteins Gleichzeitigkeitsdefinition den Abstand des ruhenden Paares als verkürzt, das aber als ruhend einen tatsächlich größeren Abstand hat.

Man kann die kompletten Ringe in Ruhe mit jeweils den gleichen Abständen ausfüllen, z.b. Urmeter. Nach dem Beschleunigen zur Rotation kann man feststellen, dass jeweils Lücken zwischen den Urmetern oder eine große Lücke im Ring entstanden sind.

Das ist das grundsätzliche Problem, wenn man Messinstrumente nur nach definierten Anweisungen eichen und synchronisieren kann und sich dann Messwert und das tatsächliches Sein unterscheiden. Auffallen tut das immer nur, wenn bei ein und demselben Versuch Messwerte auf unterschiedlicher physikalischer Basis erzielt werden und mindestens eine der Messungen nicht von der definierten Anweisung abhängt. Wobei es bei der Rotation die oben genannten 3 Möglichkeiten gibt, wie auch die hier genannte Längenkontraktion. Bei der geradlinigen Bewegung ist aber keiner der Effekte messbar, als Hinweis auf eine Bewegung.

Die Beobachterpaare auf dem nicht rotierenden Ring und in dem dazu relativ ruhenden Raumschiff messen den Abstand des anderen Beobachterpaares als jeweils gleich groß. Bei dem rotierenden Ring und dem dazu relativ gleich schnell bewegten Raumschiff kommt es zu seitlichen Bewegungen, die man bei der geforderten Präzision nicht unterschätzen darf, die aber für die räumliche Synchronisation nur eine untergeordnete Rolle spielen. Da auch diese Paare räumlich gleich synchronisiert sind messen sie den Abstand des jeweils anderen Paares ebenfalls als gleich groß.

Wir wissen, dass es bei der Beobachtergruppe auf dem rotierenden Ring zu einer tatsächlichen Längenkontraktion kommt und die Uhren tatsächlich langsamer gehen. Trotzdem misst die rotierende Beobachtergruppe die ruhende Beobachtergruppe aus ihrer nach der Beschleunigung

---

24 Bei der Rotation ist Einsteins Gleichzeitigkeitsdefinition nicht widerspruchsfrei zu tatsächlichen Beobachtungen, deshalb sind die Erduhren im Universal Time Coordinated UTC oder der Satellitennavigation auch nicht danach synchronisiert.

neu synchronisierten Gleichzeitigkeitsebene heraus, ebenfalls als verkürzt. Ebenso die nicht rotierenden Uhren auf dem kurzen Stück zwischen sich als langsamer gehend.

Vollenden die Beobachtergruppen die Umrundung und begegnen sich wieder, stellt die nicht rotierende Gruppe fest, dass die Uhren der anderen Gruppe genau die Zeit weniger anzeigen, die sich aus der Hochrechnung der ersten Messung ergeben hat. Die bewegte Beobachtergruppe misst erneut die Uhren der anderen auf dem kurzen Stück zwischen sich als langsamer gehend. Sie muss aber feststellen, dass auf diesen Uhren in der Zwischenzeit viel mehr Zeit (angezeigte Sekunden) vergangen ist, sie also tatsächlich schneller gegangen sein müssen. Das heißt, bei ihren Messungen kann etwas nicht stimmen.

Bei dem tangential dazu bewegten Raumschiff soll es aber nur eine scheinbare Kontraktion sein, weil man bei der gradlinigen Bewegung keine andere Möglichkeit hat die räumliche Gleichzeitigkeit zu bestimmen. Deshalb soll das in der Abb. 0 dargestellte Raumschiff R' als Inertialsystem gleichberechtigt sein mit dem als R bezeichneten Raumschiff?

Beschränken sich die Beobachter, die auf den Ringen sitzen, auf ein Teilstück, und machen sie nur Messungen mit idealen Uhren und Lichtsignalen innerhalb dieses Teilstücks, dann können sie damit nicht entscheiden, welches Paar sich von beiden bewegt und welches ruht. Das steckt in den Eigenwilligkeiten der Lorentztransformationen.

Bei einer gleichförmigen Translationsbewegung treten die drei oben genannten Möglichkeiten zum Feststellen der Rotation (Bewegung) nicht auf. Auch begegnen sie sich nicht wieder, ohne dass einer seinen Bewegungszustand ändert, sie können ihre Uhren also auch nicht erneut miteinander vergleichen. Warum sollte hier aber das Raketenpaar, das sich mit dem rotierenden Ring Paar mitbewegt hat, nicht tatsächlich, sondern nur scheinbar verkürzt sein?

Durch die Beobachtungen, die man bei der Rotation machen kann, muss dieses Beobachterpaar erkennen, dass eine räumliche Gleichzeitigkeit auch auf einem Teilstück nach Einsteins Gleichzeitigkeitsdefinition kausal nicht gegeben ist. Die Uhren in der Universal Time Coordinated (UTC) sind darum auch räumlich nicht so miteinander synchronisiert. In der Synchronisation der UTC braucht ein Lichtsignal in westlicher Richtung zwischen zwei Uhren weniger Zeit als in östlicher Richtung.

Einstein sagt bei dem in Kapitel 4.1 genannten Zitat, dass es beim Vergleich der Systeme K mit den Systemen K' "keine Asymmetrie des Systems der Erfahrungen" gäbe. In dem hier genannten Beispiel deutet sich doch eine Asymmetrie an. Je schneller der Ring rotiert, umso stärker ist die tatsächliche Längenkontraktion und umso langsamer gehen die Uhren. Die Mikrowellenhintergrundstrahlung wird nach vorn mit einer zunehmenden Blau- und nach hinten mit einer zunehmenden Rotverschiebung gemessen. Entsprechend der Rotation kreisen die Lichtquellen um den Beobachter. Bei der gleichförmigen Translationsbewegung rotiert diese nicht, aber es kommt ebenfalls zu einer Blau und Rotverschiebung der Mikrowellenhintergrundstrahlung. Haben wir einen Ringdurchmesser von 320.000 Lichtjahren, dann braucht die Kreisbewegung auch bei 90 % der Lichtgeschwindigkeit für 1° etwa 1000 Jahre. Das fällt bei einer Messphase von wenigen Minuten kaum auf. Die Blau und Rotverschiebung der Mikrowellenhintergrundstrahlung hat aber für beide Beobachter den selben Messwert.

Wenn sich nun die jeweils zueinander ruhenden Ringbeobachter- und Raumschiffspaare als gleichlang messen und es beim rotierenden Ringbeobachterpaar eine tatsächliche Längenkontraktion ist und beide im Moment der tangentialen Berührung auch die Mikrowellenhintergrundstrahlung als gleich asymmetrisch beobachten, dann sollte man davon ausgehen können, dass es sich auch bei dem in gleichförmiger Translationsbewegung befindlichen Raumschiff auch um eine tatsächliche Längenkontraktion handelt. Auch wenn das nicht gleich dazu führt, dass die Gleichwertigkeit von K und K' unannehmbar ist, sollte es Anlass sein, noch mal darüber nachzudenken, ob die bisherigen Ansichten so unwidersprochen stehen bleiben können.

5.3 Rotation und Gravitationsfeld

Hier möchte ich mein Modell vorstellen. Anders als von Einstein vorausgesetzt soll es ein Medium sein, auf das der Bewegungsbegriff angewendet werden kann. Woraus es bestehen könnte, möchte ich offen lassen. Bildlich gesprochen möchte ich Schwarzpulver knallen lassen, ohne zu wissen, woraus es besteht. Oder ich möchte mein Segelschiff zu Wasser lassen, ohne zu wissen, woraus dieses Medium Wasser oder die Luft besteht und trotzdem damit segeln.

Etwas Ähnliches wie ich mit den 2 Ringen beschrieben habe hat Einstein in dem Buch [10] S.52 beschrieben:

„Wir gehen wieder von oft herangezogenen ganz speziellen Fällen aus. Es liegt ein raum-zeitliches Gebiet vor, in welchem relativ zu einem Bezugskörper K von passend gewähltem Bewegungszustande kein Gravitationsfeld existiere; in Bezug auf das ins Auge gefasste Gebiet ist dann K ein Galileischer Bezugskörper, und es gelten relativ zu K die Ergebnisse der speziellen Relativitätstheorie. Dasselbe Gebiet denken wir

uns auf einem zweiten Bezugskörper K' bezogen, welcher relativ zu K gleichförmig rotiert. Um die Vorstellung zu fixieren, denken wir uns K' in Gestalt einer ebenen Kreisscheibe welche um ihren Mittelpunkt in Ihrer Ebene gleichmäßig rotiere. Ein exzentrisch auf der Kreisscheibe K' sitzender Beobachter empfindet eine Kraft, die in radialer Richtung nach außen wirkt, und welche von einem relativ zum ursprünglichen Bezugskörper K ruhenden Beobachter als Trägheitswirkung (Zentrifugalkraft) gedeutet wird. Der auf der Scheibe sitzende Beobachter möge jedoch seine Scheibe als „ruhenden" Bezugskörper auffassen; dazu ist der auf Grund des allgemeinen Relativitätsprinzips berechtigt. Die auf ihn und überhaupt auf relativ zur Scheibe ruhende Körper wirkende Kraft fasst er als Wirkung eines Gravitationsfeldes auf. Allerdings ist die räumliche Verteilung dieses Schwerefeldes eine solche, wie sie nach Newtons Theorie der Gravitation nicht möglich wäre. ..."

Zu K soll kein Gravitationsfeld existieren, zu K' aber eins, dass ganz außergewöhnlich ist? Warum soll K dieses Gravitationsfeld nicht auch spüren? Einstein hatte auch gesagt (ausführlicher S.7) „*... Gemäß der Allgemeinen Relativitätstheorie ist ein Raum ohne Äther undenkbar; ...*" Hat hier jeder der sich als ruhend betrachtet seinen eigenen Äther, oder besser Gravitationsfeld? Wo kommt es überhaupt her? Anders betrachtet, wir lassen K weg, warum sollte dann K' der seine Scheibe als „ruhenden" Bezugskörper auffasst eine Zentrifugalkraft messen? K soll auch eine gleiche Kreisscheibe haben und wir ergänzen das mit einem K" der in entgegengesetzter Richtung zu K' mit entsprechend gleicher Geschwindigkeit rotieren soll. Alle setzen an den Rand ihrer Scheiben Spiegel. Sie richten es so ein, dass sie sich immer an dem gleichen Punkt treffen. Bei ihrer Begegnung senden sie einen Blitz aus. Dann stellen sie fest, dass dieser immer nur bei K wieder von beiden Seiten gleichzeitig eintrifft.

Wenn K' sich als Ruhend betrachtet, muss er nun die seltsamen Bewegungen von K und K" mit seinem Gravitationsfeld und der absoluten Konstanz der Lichtgeschwindigkeit in Einklang bringen. Machen wir das in dem uns real umgebenden Universum, muss er das auch noch mit um ihn herum rotierenden Galaxien in Einklang bringen, die am Horizont auch noch Überlichtgeschwindigkeit erreichen.

Wenn K und K' bei jeder Umrundung wieder zusammentreffen gibt es für beide nur drei Möglichkeiten wie ihre Uhren gegangen sind. Die Uhren sind gleich schnell gegangen, die Uhr von K' ist schneller gegangen oder die Uhr von K ist schneller gegangen. Aus Sicht von K muss die Uhr von K' langsamer gehen. Damit auch aus Sicht von K' die Uhr von

K schneller. Mathematisch mag es noch aufgehen, dass sich der schnellere Gang der Uhr von K aus der Sicht des sich als ruhend betrachtenden K' errechnen lässt.

Aus Sicht des K müssen die Uhren von K' und K" gleich schnell gehen. Damit müssen auch die Beobachter K' und K" feststellen, dass ihre Uhren gleich schnell gehen. Wie erklärt K' den schnelleren Gang der Uhr von K und den gleich schnellen Gang der sich annähernd doppelt so schnell bewegten Uhr K".

Anders als bei der inertialen Bewegung der Speziellen Relativitätstheorie sind hier K und K' nicht gleichberechtigt. Es gibt für alle rotierenden Kreisscheiben einen bevorzugten Ruhezustand. So wie es in der Satellitennavigation auch festgestellt wird.

Das Relativitätsprinzip das Einstein hier für die Rotation nennt, kann nicht das der Speziellen Relativitätstheorie sein, siehe S.21. *„es können nur die Bewegungen der Körper relativ zu anderen Körpern, nicht jedoch die Bewegungen der Körper relativ zu einem bevorzugten Bezugssystem festgestellt werden."* K stellt hier ganz klar ein bevorzugtes Bezugssystem dar. Die am Rand der Scheibe von K' rotierenden Beobachter können ihre Bewegungsgeschwindigkeit gegenüber K genau bestimmen. Sie brauchen nicht einmal K. Aus der Bestimmung der Zentrifugalkraft können sie errechnen wie schnell sie sich bewegen.

Einstein leitet das Ganze ein mit einem *„raum-zeitlichen Gebiet in welchem relativ zu einem Bezugskörper K mit passend gewähltem Bewegungszustande kein Gravitationsfeld existiere".* Existiert es dann tatsächlich nicht? Oder führt es nur zu keiner Zentrifugalkraft, weil der Beobachter dazu nicht rotiert?

In der Realität des uns umgebenden Universums ist sicher, dass dieser Bewegungszustand nicht frei gewählt werden kann, sondern vom Umliegenden Fixsternhimmel bestimmt wird.

Wie schon Einstein sagte, muss es etwas zwischen den Masseteilchen geben, auf das sie wirken, aber das auch auf die Masseteilchen zurückwirkt. Ein Gravitationsfeld im Sinne E. Machs. Nehmen wir im Gegensatz zu Einstein an, dass zu diesem Gravitationsfeld eine tatsächliche Bewegung bestehen kann. Dann können wir mit dem Gravitationsfeld auch die Rotation erklären. Ein System das nicht zum Gravitationsfeld rotiert misst auch keine Zentrifugalkraft. Je schneller es rotiert, umso größer ist die messbare Zentrifugalkraft. Nehmen wir wieder das im vorigen Kapitel genannte Ringsystem. Nur ein Bewegungszustand kann der zum Gravitationsfeld nicht rotierende Zustand sein. Alle dazu rotierenden Ringe müssen auch eine Zentrifugalkraft messen.

Der Mittelpunkt der Ringe könnte sich auch zum Gravitationsfeld bewegen. Egal mit welcher Geschwindigkeit sich ein nicht rotierender Ring zum Gravitationsfeld bewegt, führt eine zusätzliche Rotation, mit der dann auftretenden Schlangenlinie, immer auch zu einer höheren Geschwindigkeit zum Gravitationsfeld. Damit ist die Bewegung zum Gravitationsfeld der entscheidende Faktor inwieweit es zu einer Zentrifugalkraft, einer tatsächlichen Längenkontraktion, oder einem tatsächlich langsamer gehenden der Uhren kommt. Entsprechendes gilt dann auch für die gleichförmige Translationsbewegung der Raketen. Probleme bereitet hier nur, dass wir diesen geradlinigen Anteil der Bewegung bisher nicht messen können. In nachfolgenden Kapitel 5.4 möchte ich eine solche Möglichkeit vorstellen.

Woraus das Gravitationsfeld tatsächlich besteht, kann ich nicht sagen. Nehmen wir an, es wäre zusammengesetzt aus allen Feldern der Masseteilchen. Dann existiert dieses Feld auch im ganzen Universum, als auch in der Mitte zwischen weit voneinander entfernten Galaxien. Dann muss die Bewegung von Masseteilchen zu diesem Gesamtfeld auch einen Effekt darauf haben. Es könnte sich aus der Summe des vom umliegenden Universum gebildeten Gravitationsfeldes mit dem Gravitationsfeld der bewegten Masse ein sich zum umliegenden Universum leicht bewegendes Gravitationsfeld ergeben.

Einstein interpretierte die Periheldrehung des Merkurs als Überlagerung des Gravitationsfeldes. Ich sehe es als tatsächliche Verwirbelung des herrschenden Gravitationsfeldes, grob analog zu einem Wasser- oder Luftwirbel. Dann würden rotierende Massen auch zu einer Rotation des Gravitationsfeldes führen. Ein in diesem Feld nicht rotierender Ring, in dem also keine Zentrifugalkraft gemessen wird, würde dann gegenüber dem außerhalb dieses Gravitationsareals liegenden Bereich rotieren. Damit wäre in einem rotierenden Massensystem die Zentrifugalkraft viel geringer, als für die von außen gemessene Geschwindigkeit zu erwarten wäre. Eine Galaxie, bei der die Massen alle in einer Richtung rotieren, wie z.B. bei einer **Spiralgalaxie**, würde dementsprechend gegenüber dem umliegenden Universum schneller rotieren, als es ihrer Masse entspricht. Es wird also keine dunkle Materie benötigt, damit die Galaxie nicht auseinanderfliegt. In Galaxien, in denen sich die Sterne nicht in gleichförmigen Massenströmen bewegen, sondern unregelmäßig, sollte ihre Bewegungsgeschwindigkeit auch mehr der beobachtbaren Masse der Galaxie entsprechen.

Es ist fraglich, ob für diese Beschreibung neue Formeln gefunden werden müssen. Die Allgemeine Relativitätstheorie beschreibt schon allein für die Rotation der Erde in dem von der Sonne und der Milchstraße bestimmten Gravitationsfeld einen messbaren **Schiff-Effekt**[15]. Dies wäre nach meiner Ansicht nicht nur eine Überlagerung eines theoretisch starren Gravitationsfeldes, sondern eine tatsächliche Drehbewegung eines durch die Zeit verfolgbaren Mediums, das das Gravitationsfeld bildet.

Hier wird das Gravitationsfeld im Wesentlichen durch die Sonne und die Milchstraße gebildet und nur von der rotierenden Schale der Erde stärker, vom Kern kaum noch beeinflusst. Wenn sich die das lokale Gravitationsfeld bestimmenden Massen alle in einer gleichen Richtung bewegen, wie in Spiralgalaxien, sollte sich dieser Effekt ergänzen und größer sein.

Ein gleicher Effekt wäre die Periheldrehung des Merkurs. Auch hier würde sich das Gravitationsfeld lokal mit der Sonne drehen und diesen Effekt hervorrufen.

Noch ein anderes Phänomen kann damit erklärt werden. Wenn sich in einer Spiralgalaxie die Sterne völlig frei in dem jeweils regional vorhandenen Gravitationsfeld bewegen (auch wenn dunkle Materie vorhanden wäre), sollten sich die Sterne schon nach fünf Umdrehungen völlig miteinander gemischt haben und die Spiralarme nicht mehr zu erkennen sein. Es scheint aber so zu sein, dass sich die Galaxien eher zu den Spiralgalaxien hin entwickeln. Das kann daran liegen, dass das Gravitationsfeld von großen Sternenansammlungen mitgenommen wird und dadurch die Bewegung anderer Sterne in dieser Richtung begünstigt wird. Sterne, die den Anschluss an diese Gruppe verloren haben fallen zurück und werden vom nächsten Arm eingesammelt. Auch die Stabilität innerhalb der Arme würde dadurch verstärkt, sodass diese nicht auseinanderbrechen. Der Effekt der Gravitationsfeldmitnahme mag klein sein, aber auch die Corioliskraft ist nur schwach und doch überall beim Wetter und der Erosion der Flussufer zu erkennen.

Noch ein Effekt ließe sich erklären: die Fly-by-Anomalie:

Ein Satellit erfährt bei der Passage eines Planeten eine Ablenkung, so wie Kometen beim Umkreisen der Sonne. Da sich der Planet im Sonnensystem bewegt, erfährt der Satellit eine zusätzliche Beschleunigung in Richtung der Planetenbewegung. Die Raumsonden sind aber noch etwas schneller nach der Passage, als es sich aus den Standardberechnungen ergibt, die sogenannte Fly-by-Anomalie.

Der Schiff-Effekt, der sich aus den Standardberechnungen ergibt, ist schon eindeutig nachgewiesen. Dieser Rotationseffekt wird hauptsächlich nur durch die am Äquator recht langsam bewegten Massen verursacht. Ich gehe davon aus, dass sich das Gravitationsfeld tatsächlich gering in seiner Form verdreht und dadurch der Schiff-Effekt entsteht.

In Bewegungsrichtung der Erde um die Sonne nimmt aber die ganze Masse der Erde das Feld mit einer noch viel höheren Geschwindigkeit mit. Das heißt, das lokal herrschende Gravitationsfeld würde sich gegenüber dem umliegenden Gravitationsfeld in Bewegungsrichtung der Erde bewegen. Ein Körper würde durch die Mitnahme des Gravitationsfeldes, was sich mit zunehmendem Abstand natürlich abschwächt in der Bewegungsrichtung der Erde eine zusätzliche Beschleunigung erhalten. Das sollte unabhängig davon sein, ob er in Bewegungsrichtung der Erde vor oder hinter ihr vorbeifliegt. In jedem Fall sollte die zusätzliche Beschleunigung in Bewegungsrichtung der Erde sein.

Der Schiff-Effekt, die Periheldrehung des Merkurs, die Fly-by-Anomalie und die zu schnell rotierenden Galaxien könnten alle auf dem gleichen physikalischen Prinzip beruhen. Da der Schiff-Effekt und die Periheldrehung des Merkurs durch die Allgemeine Relativitätstheorie schon beschrieben werden, ist es die Frage, ob man für die anderen Probleme neue Formeln braucht, oder ob die schon bestehenden nicht doch reichen, man muss sie nur etwas anders anwenden. Bei der Fly-by-Anomalie dürfte man nicht nur isoliert die Erde und den Satelliten betrachten. Man müsste die Erde als einen auf der Erdbahn kreisenden Körper betrachten, der damit einen „Erdbahn-Schiff-Effekt" erzeugt und damit die Fly-by-Anomalie bewirkt. Bei den Galaxien eine sehr viel schwierigere Aufgabe. Hier müsste man alle Sterne einzeln sowie in der Summe als um das Galaxiezentrum rotierende Massen betrachten. Um die Rotationsgeschwindigkeit des Gravitationsfeldes der Galaxie zu bestimmen, braucht man sicherlich keine neuen Formeln, man muss nur den Mut haben den Wert für die dunkle Materie auf Null zu setzen und rauskommt die Rotationsgeschwindigkeit des Gravitationsfeldes. Interessant wäre es ob man so mit den bestehenden Formeln alle 4 Phänomene zusammenbringen kann.

5.4 Satellitennavigation und das Gravitationsfeld

Wäre entsprechend Einsteins oben genannter Äußerung das Gravitationsfeld oder "dieser Äther (…) nicht mit der für ponderable Medien charakteristischen Eigenschaft ausgestattet (…), aus durch die Zeit verfolgbaren Teilen zu bestehen", dann gäbe es natürlich auch keine Bewegung zu diesem Feld. Sollte es aber so sein, dass doch ein Ruhezustand oder eine Bewegung gegen dieses Feld möglich ist, dann muss dies auch festgestellt werden können.

Die relativen Verhältnisse in dem uns umgebenden Universum werden unzweifelhaft durch die Lorentztransformationen beschrieben. Die Konsequenzen die sich daraus ergeben sind aber mit unserem Gefühl oder Alltagserfahrungen nicht zu erfassen. Auch fachlich kompetente Physiker haben da so ihrer Schwierigkeiten.

Im Buch von R. Sexl und H. K. Schmidt[24] auf S.27 steht eingerahmt: *„Die Synchronisation des Uhrennetzes der Welt bestätigt das Prinzip der Konstanz der Lichtgeschwindigkeit. Nach der Äthertheorie wären ständig wechselnde Laufzeiten der Zeitsignale zu erwarten, die experimentell nicht beobachtet werden."*

Genau ein solcher Effekt wäre aber unvereinbar mit der Geometrie der Lorentztransformationen. Stellen wir uns vor alle Inertialsysteme wären gleichberechtigt. Dann nenne ich eins der Inertialsysteme Äther. Das würde nichts an der mathematischen Geometrie verändern. Stellen wir uns jetzt vor wir könnten die Bewegung zum Gravitationsfeld messen. Dann suche ich mir das Inertialsystem heraus, das zum Gravitationsfeld ruht und nenne es Äther. Das würde auch nichts an der mathematischen Geometrie der Lorentztransformationen verändern.

Bei den experimentellen Beobachtungen und ihrer mathematischen Verarbeitung kommt es zu keiner Veränderung der Laufzeiten für Zeitsignale. Daran würde sich auch nichts ändern, wenn man feststellen könnte, dass eins der Inertialsysteme zum Gravitationsfeld ruht. Vielleicht erleichtert das theoretischen Physikern den Einstieg diesem Kapitel gedanklich zu folgen.

Wie ich schon oben schrieb, ist auch der Sagnac-Effekt, den es für die Erdbahn um die Sonne zweifelsfrei geben muss, auch durch ein so präzises Instrument wie das Global Positioning System nicht festzustellen. Hier kann nur der Sagnac-Effekt innerhalb der Rotation des Erdsystems festgestellt werden. Das liegt nicht daran, dass der Effekt durch irgendeinen Korrekturwert verdeckt würde, oder die Messgenauigkeit nicht reichen würde, sondern an der Charakteristik der realen Verhältnisse, wie sie durch die Lorentztransformationen beschrieben werden.

In der Satellitennavigation werden nur ideale Uhren und lichtschnelle Signale verwendet. Auch wenn hier durch das Kreisen der Satelliten der Abstand der Uhren sich ständig ändert und auch Einwegmessungen vorgenommen werden, entsprechen die Grundbedingungen dem Michelson-Morley-Experiment, dem einarmigen Kennedy-Thorndike-Experiment, oder einem nicht beschleunigten Einarm-Einweg-Experiment.

Außerdem ist der Effekt des Uhrentransports innerhalb der Satellitennavigation zu beachten. Wie schon Einstein gesagt hat entspricht der langsame Uhrentransport seiner Gleichzeitigkeitsdefinition. Damit verändert sich die Gangrate einer Uhr während des Transports in der Weise, dass sie in der räumlichen Synchronisationsebene nach Einsteins Gleichzeitigkeitsdefinition bleibt. Damit wandert ihre angezeigte Zeit beim Transport auf der Erde aus räumlichen Synchronisation der Uhren in der UTC heraus. Das Gesamtsystem der Satellitennavigation bewegt sich aber in einer Einsteins Gleichzeitigkeitsdefinition entsprechenden räumlichen Gleichzeitigkeitsebene. Damit bewegen sich auch die Satellitenuhren in dieser Ebene, nur ihre relativistische Geschwindigkeit muss berücksichtigt werden, da es sich hier doch schon um einen messbar nicht „langsamen Transport" handelt.

Alle Messwerte werden nur innerhalb des Systems gewonnen. Das Gleiche würde für einen Zug gelten, der entlang des Äquators um die Erde fährt. Auch wenn wir wissen, dass die westwärts bewegte Uhr tatsächlich schneller geht und das Licht bei haltendem Zug von West nach Ost tatsächlich länger braucht als von Ost nach West, so könnten wir das mit Messungen, die allein innerhalb des Zuges gemacht werden, nicht feststellen.

Es ist gleich, ob der Bewegungsbegriff auf den Äther/das Gravitationsfeld anzuwenden wäre, wovon Lorentz ausging, bei der Entwicklung der Lorentztransformationen, oder nicht, wovon Einstein ausging. Die in der Naturrealität des uns umgebenden Universums vorhandenen relativen Verhältnisse werden durch die Lorentztransformationen korrekt beschrieben, sonst wäre der negative Ausgang des Michelson-Morley-Experiments (MME) und all ihrer Ableitungen nicht zu erklären.

Mathematische Formeln sind schwer zu verstehen. Noch schwerer ist zu erkennen welche Konsequenzen sich daraus ergeben. Deshalb sollen hier ausgehend von einer Beobachtergruppe, die auf einem nicht rotierenden Ring sitzt, eindeutige Ereignisse errechnet werden. Was eindeutige Ereignisse sind wurde schon in Kapitel 2.5 beschrieben. Diese muss dann auch jeder dazu bewegte Beobachter in seinen Messungen unterbringen, ohne dass dabei Widersprüche auftreten.

Kommen wir wieder zu dem Versuch zweier parallel nebeneinander kreisender Ringe, weit ab von größeren Massen. Am Rand des einen Rings wird keine Zentrifugalkraft gemessen. Diesen Zustand wollen wir als nicht kreisen bezeichnen.

Übertragen wir die Erkenntnisse, die wir aus der Satellitennavigation und der Universal Time Coordinated UTC gewonnen haben, auf diesen Versuch. Zum Messen der Zeit verwenden wir den Lichtuhren entsprechende Atomuhren. Räumliche Distanzen wollen wir zunächst nicht messen.

Positionieren wir auf dem nicht kreisenden Ring A die Atomuhr A bei dem Beobachter A. Auf dem dazu im Sinne der Erddrehung nach Osten kreisenden Ring B die Atomuhr B bei dem Beobachter B.

Die Atomuhren sollen die Zeit entsprechend der definierten Sekunde anzeigen. Dann zeigt die Uhr B bei jeder Begegnung mit A weniger vergangene Zeit an. Auf allen Uhren, die auf kreisenden Ringen positioniert sind vergehen die Sekunden langsamer. Um so schneller sie kreisen, um so langsamer gehen die Uhren. Die Begegnungen der Uhren sind eindeutige Ereignisse. Daraus Folgt, dass auch für Beobachter B seine Uhr B langsamer geht als die Uhr A.

Jetzt senden A und B bei ihrer Begegnung einen Lichtblitz aus (Abb 12 - 1), der sich entlang der Ringe in beide Richtungen ausbreiten soll. Dann erreichen nur bei dem nicht kreisenden Ring A die sich entgegengesetzt bewegenden Blitzanteile den Beobachter A aus beiden Richtungen gleichzeitig (Abb 12 - 3). Licht breitet sich mit einer einheitlichen Front aus. Im Universum wurde bisher nichts anderes beobachtet. Dann können die Blitzanteile den zu A bewegten B nicht aus beiden Richtungen gleichzeitig erreichen. Der sich in Westrichtung ausbreitende Blitzanteil, also entgegen der Bewegungsrichtung von B, erreicht ihn zuerst (Abb 12 - 2) und dann erst der sich in Ostrichtung ausbreitende Blitzanteil (Abb 12 - 4). Das entspricht auch den Erkenntnissen aus der Satellitennavigation.

Die Beobachter sollen die Blitzanteile reflektieren, wenn sie von diesen erreicht werden. A erzeugt dadurch für alle Beobachter gleichzeitig die Reflexionen A(ow) und A(wo) (Abb 12 - 3). Diese erreichen für alle Beobachter A auch wieder gleichzeitig (Abb 12 - 5).

B erzeugt zuerst die Reflexionen B(wo) (Abb 12 - 2), von dem Blitzanteil, der sich anfangs in Westrichtung ausgebreitet hat und nach der Reflexion sich in Ostrichtung bewegt. Erst etwas später erreicht ihn der Blitzanteil, der sich in Ostrichtung bewegt hat. Mit diesem erzeugt er die Reflexion B(ow) (Abb 12 - 4) die sich dann in Westrichtung bewegt. Diese Reflexionen erreichen B gleichzeitig (Abb 12 - 6), egal wie schnell er kreist. Er darf nur während des Versuchsablaufs seine Geschwindigkeit nicht verändern.

Diese eindeutigen Ereignisse muss auch jeder andere Beobachter im Universum so beobachten. Keiner liest auf den Uhren andere Zeiten ab, als die Beobachter selbst. Und das Eintreffen der Blitze findet an keinem anderen Ort statt, relativ zur Umgebung der jeweiligen Beobachter, als für den Beobachter selbst.

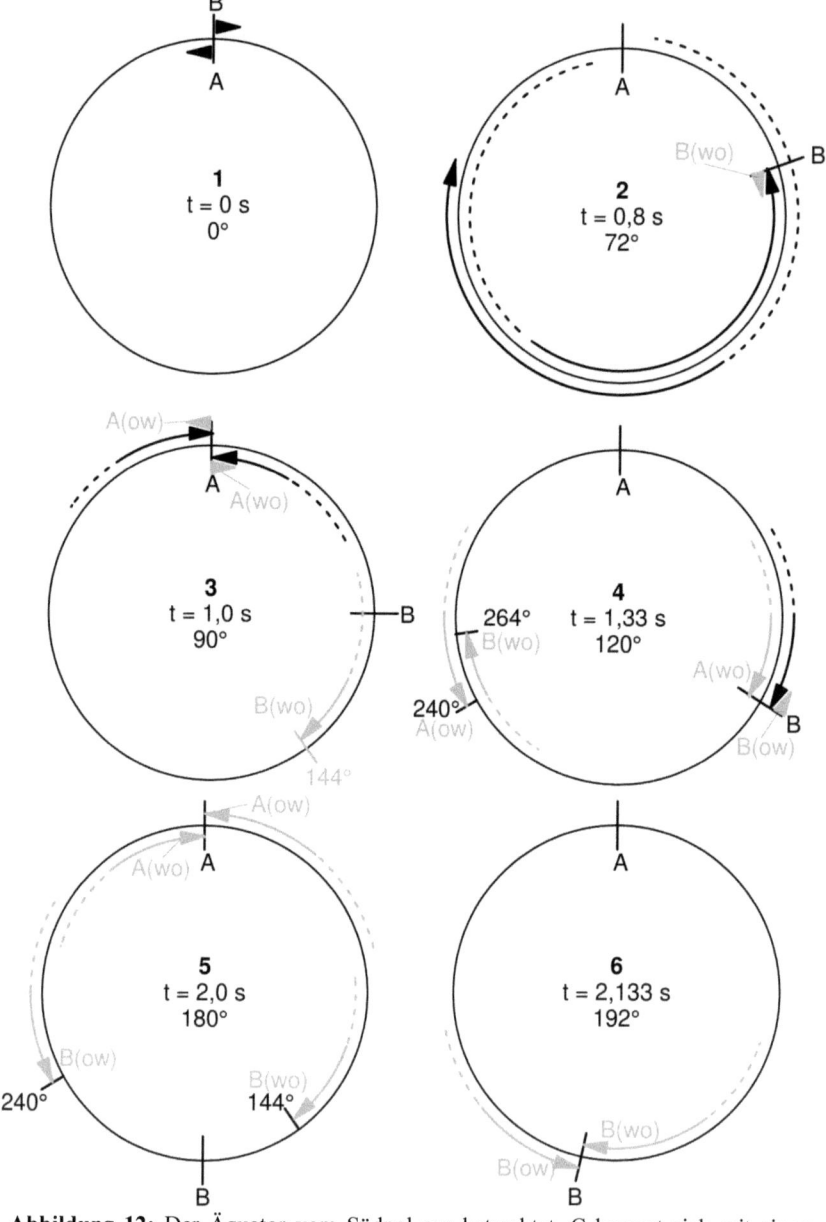

Abbildung 12: Der Äquator vom Südpol aus betrachtet. C bewegt sich mit einem Viertel der Lichtgeschwindigkeit.

114

Durch die Längenkontraktion kommt es im Ring B zu einer Verkürzung. Zunächst soll der Ring B nach dem Beschleunigen jeweils so verlängert werden, dass er ohne Lücke parallel neben den Ring A passt. Das entspricht dann einer Ruhelänge von 1,0328 Lichtsekunden (Ls), bei v = 0,25 c und einem Ringumfang von 1 Ls. Beim regelmäßigen wieder Begegnen der Beobachter A und B können sie feststellen, dass es bei B zu einer den Lorentztransformationen entsprechenden Zeitdilatation kommt. die Uhr von B zeigt deshalb beim Wiedereintreffen der reflektierten Signale zur Zeit t = 2,1333 s, eine Zeit von t' = 2,0656 s. Die Hälfte der Zeit für Hin- und Rückweg wäre dann 1,0328 s. B misst also weiter seine **Länge mit 1,0328 Ls.**

Lassen wir B zwei Uhren aufstellen, getrennt durch eine durchsichtige Folie, die die Grenze zwischen Anfang und Ende seines Raumschiffs darstellen soll. Die Uhr in Bewegungsrichtung vor der Folie befindliche Uhr repräsentiert die Uhr am Ende des Raumschiffs BH, die dahinter befindliche Uhr, die an der Raumschiffsspitze BV und der Ring den Raumschiffskörper.

Bei der Begegnung von A und B sollen zunächst alle Uhren den Zeitwert 0 anzeigen. Sie senden also alle gemeinsam den Zeitwert 0 aus. Wenn dieses Zeitsignal von der Uhr BH die Uhr BV erreicht, also in Abb 12 - 4, Dann zeigt die Uhr BV wegen der Zeitdilatation bei t = 1,33333 s den Zeitwert t' = 1,29099 an. Nach Einsteins Gleichzeitigkeitsdefinition muss sie hier aber den Wert für die Hälfte der Zeit für Hin- und Rückweg gemeinsam anzeigen. Abb 12 - 6: t = 2,13333 s, t' = 2,06559 s, also t' / 2 = **1,03279 s** Wir müssen sie also um 0,25820 s zurückstellen.

Hätten wir das schon bei der Begegnung von A und B gemacht, dann würden die Uhren zu dem Zeitpunkt A = 0, BH = 0, aber BV = - 0,25820 anzeigen. BV sendet also das Zeitsignal - 0,25820 aus. Dieses erreicht BH in Abb 12 - 2. bis dahin vergehen t = 0,8 s, also t' = 0,77460 s, also wenn die Uhr BH 0,77460 s anzeigt. BV würde das Zeitsignal 0 um 0,25820 s später aussenden, das Signal also auch BH 0,25820 s später erreichen, also wenn die Uhr BH t' = 0,77460 s + 0,25820 s = **1,03280 s** anzeigt, was genau der Hälfte für Hin- und Rückweg entspricht. In dieser räumlichen Synchronisation würden die Uhren also auch die Lichtgeschwindigkeit im bewegten Ring in beiden Richtungen gleich schnell messen, auch wenn B durch die Folie sehen kann und feststellt, dass die Blitze B ja gar nicht tatsächlich aus beiden Richtungen gleichzeitig erreichen.

Im Kapitel 5.6 wird das ganze allgemeiner und dann aber mit Formeln ausgeführt.

Egal wie wir diese Ringe abschirmen, es ändert sich nichts an dem Ergebnis, solange wir keine anderen Massen ins Spiel bringen. Die Mathematik kann uns nicht helfen zu entscheiden in welchem Ring keine Zentrifugalkraft gemessen wird, die Uhren am schnellsten gehen und in welchem Ring der Blitz den Beobachter aus beiden Richtungen gleichzeitig erreicht. Nur eine tatsächliche Messung kann uns da weiter helfen. Lichten wir den Vorhang, dann stellen wir fest, dass alle 3 Phänomene mit einem nicht Kreisen gegenüber dem uns umgebenden Universum einhergehen.

Die relativen Verhältnisse die sich aus den Lorentztransformationen ergeben sind durchaus verwirrend. Da wir bei der Rotation aber die Messungen eindeutigen Ereignissen zuordnen können, sind sie eindeutig und für alle Beobachter gleichermaßen gültig.

Beginnen wir mit Atomuhren die entlang des Äquators aufgestellt werden und entsprechend der UTC räumlich miteinander synchronisiert werden. Aus dieser Synchronisation heraus wir die Zeit die ein Lichtsignal von einer westlich gelegene Uhr W zu einer östlich gelegenen Uhr O braucht, als größer gemessen, als in der entgegengesetzten Richtung.

Eine gegenüber den stationären Uhren O und W ostwärts bewegte Uhr C können wir als auf einem schneller kreisenden Ring befindlich ansehen; eine westwärts bewegte als auf einem langsamer kreisenden Ring befindlich. Eine westwärts bewegte Uhr muss also schneller gehen, und genau das macht eine auf der Erde westwärts bewegte Uhr.

Um die ganzen Unregelmäßigkeiten der Erdgravitation und der Atmosphäre weg zu lassen, stellen wir uns wieder nur die Ringe vor. Ausgehend von dem nicht kreisenden Ring nehmen wir alle Messungen vor und erzielen damit eine Schar eindeutiger Ereignisse, wie sich die Uhren auf den anderen Ringen verhalten und wie sich die Lichtsignale entlang der Ringe ausbreiten. All diese eindeutigen Messergebnisse müssen dann auch den Messungen der Beobachter auf den kreisenden Ringen entsprechen. Hier sollen keine Rechnungen den Leser verwirren sondern nur die relativen Verhältnisse dargestellt werden, die sich aus den Lorentztransformationen ergeben.

Betrachten wir jetzt nur das Teilstück zwischen den Uhren W und O. Sie sollen jetzt räumlich nach Einsteins Gleichzeitigkeitsdefinition miteinander synchronisiert werden. Da sie vorher in der UTC synchron waren, braucht dazu z.B. die östlich gelegene Uhr O nur um den Betrag n zurück gestellt werden. Dann messen sie die Lichtgeschwindigkeit wieder in beiden Richtungen gleich schnell. Die Uhr O würde dann aber gegenüber der UTC um den Betrag n nachgehen. Bewegen wir nun eine Uhr C von der westlich gelegenen Uhr W zur Uhr O, oder umgekehrt, dann bleibt die Uhr C genau in der räumlichen Gleichzeitigkeit dieser Uhren. Das entspricht Einsteins Aussage, dass der langsame Uhrentransport seiner räumlichen Gleichzeitigkeitsdefinition entspricht. Der angezeigte Wert der Uhr C beim Start mit der Uhr W oder O abgeglichen, unterscheidet sich beim Eintreffen bei der anderen Uhr O oder W nur um den Betrag, der sich aus den Lorentztransformationen für diese Relativbewegung von C gegenüber A und B ergibt. Bei einem langsamen Uhrentransport also zu vernachlässigen. Die Uhr C wird auf ihrem Weg zwischen den Uhren W und O als gleich schnell gehend mit den Uhren W und O gemessen. Dieses Messergebnis kommt nur durch die andere Einstellung des Messinstruments für die räumliche Gleichzeitigkeit zustande. Tatsächlich geht sie auf dem Weg nach Osten viel langsamer, als sich aus den Lorentztransformationen für diese Relativbewegung zwischen der Uhr C gegenüber den Uhren W und O ergibt und auf dem Weg nach Westen schneller.

Die Uhr C könnte sich mit gleichbleibender Geschwindigkeit in Ostrichtung von W nach O und weiter über den Rest des Ringes wieder zu W bewegen. Beim Wiedereintreffen bei W wäre sie dann um den Betrag m langsamer gegangen. Auf dem weiteren Weg von W nach O scheint sie gegenüber W und O nicht mehr langsamer zu gehen, denn auch bei Eintreffen bei O unterscheidet sich der angezeigte Wert der Uhren von C und O genau um den Betrag m. Die Uhr C könnte sich auch mit gleichbleibender Geschwindigkeit in Westrichtung von der Uhr O über die Uhr W und den Rest des Rings wieder zu den Uhren O und W bewegen. Dann wäre sie beim Eintreffen bei der Uhr O um den Betrag m schneller gegangen als diese und auch beim Eintreffen bei der Uhr W unterscheidet sich die Anzeige genau um diesen Betrag. Dabei ist egal welchen Anteil des Ringumfangs der Abstand zwischen W und O ausmacht. Der Betrag von m ist allein abhängig von dem Umfang des Ringes und der tangentialen Geschwindigkeit mit der er sich bewegt.

Vergrößern wir den Abstand zwischen W und O, so dass er den gesamten Äquator umfasst. Dann befinden sich W und O am selben Ort. Dann könnten W und O für alle Beobachter gleichermaßen feststellen, dass sie für eine räumliche Synchronisation nach Einsteins Gleichzeitigkeitsdefinition an einem Ort unterschiedliche Zeiten einstellen müssten. Die Differenz beträgt genau m. Nur in dem nicht kreisenden Ring sind die angezeigten Uhrzeiten von W und O gleich. Auch nur bei einem nicht rotierenden Planeten würden bei einer der UTC entsprechenden Synchronisation der Uhren die Zeitsignale bei O und W mit der gleichen Zeitdifferenz eintreffen, also für beide Richtungen eine gleichlange Zeit gemessen werden.

Die Uhren W und O sollen jetzt auf dem kreisenden Ring B auf einem Balken montiert werden, der in seiner Mitte gedreht werden kann. Damit die Wege der Uhren beim Umdrehen relativ zum Ring gleich sind, muss der Balken in der Tangentialebene gedreht werden, was dem waagerechten Drehen auf der Erdoberfläche am Äquator entspricht. Zunächst sollen die Uhren mit der UTC synchron sein. Welche Effekte wären zu beobachten, wenn man den Balken um 180° dreht?

1. Die westwärts bewegte Uhr O geht jetzt um den Wert n gegenüber der UTC vor.

2. Die ostwärts bewegte Uhr W geht jetzt um den Wert n gegenüber der UTC nach.

3. Die Uhren messen vor dem Umdrehen eine längere Zeit für die Lichtsignale von W nach O als von O nach W.

4. Während des Umdrehens kommt es zu keiner Verschiebung des Eintreffens der Zeitsignale.

5. Nach dem Umdrehen messen die Uhren W und O weiterhin eine längere Zeit für die Signale von W nach O als von O nach W. Also umgekehrt als es tatsächlich ist. Unten im Text noch deutlicher dargestellt mit Werten für die eindeutigen Ereignisse.

6. Nehmen wir eine räumliche Synchronisation der Uhren W und O nach Einsteins Gleichzeitigkeitsdefinition vor. Dazu müssen wir z.B. die Uhr O um den Wert n zurückstellen. Damit geht sie gegenüber der UTC um den Wert n nach. Jetzt messen die Uhren aber die Zeitdauer für die Zeitsignale in beiden Richtungen gleich groß.

7. Nach dem Umdrehen messen die Uhren W und O die Zeitdauer für die Zeitsignale weiterhin in beiden Richtungen gleich groß. Jetzt ist die Uhr O wieder synchron mit der UTC, dafür geht die Uhr W um den Betrag n gegenüber der UTC nach.

Die Feststellungen gelten natürlich nicht nur für Ringe mit der Größe des Äquators. Die Ringe könnten auch der Erdbahn um die Sonne entsprechen oder den fünffachen Durchmesser der Milchstraße haben. In einem Void problemlos unterzubringen, ohne dass größere Massen stören. Betrachtet man bei der letztgenannten Ringgröße nur einen kleinen Teilabschnitt der Ringe, wäre die kreisende Bewegung kaum noch unterscheidbar von einer inertialen Bewegung.

Im Buch von Sexl / Schmidt[24] steht auf S.54: „*... Dabei durften wir die Erde näherungsweise als Inertialsystem betrachten.*" Im Buch von Hetznecker[12] steht auf S.72: „*... Können wir also ein Labor auf der Erde unter diesen Umständen tatsächlich als Inertialsystem bezeichnen? ... Die Erdoberfläche ist ein Inertialsystem, und das ist gut so.*" Nun kann man diese Gleichsetzung auch umkehren und sagen: In hinreichend kleinen Abschnitten entsprechen Inertialsysteme einer Rotation. Bei der Rotation kann man die Bewegung aber eindeutig bestimmen, wer rotiert und bei wem sich tangential zum umliegenden Universum nichts bewegt. So wie ich es schon in Kapitel 3.11 beschrieben habe ist dies eine nicht zulässige Gleichsetzung. Wenn in der einen Richtung nicht, dann auch nicht in der anderen.

Stellen wir uns ein Ringpaar in der Größe der Erdbahn um die Sonne vor. Auf einem zum umliegenden Universum nicht kreisenden Ring würden dann die Atomuhren auch am schnellsten gehen. Ob die Sonne im Zentrum vorhanden ist oder nicht, hätte einen Effekt auf die Zentrifugalkraft und den gravitativen Einfluss auf den Gang der Uhren, nicht aber auf die Bewegungseffekte.

Zwangsläufig gehen die hier durch das Rotieren der Erde nachts schneller bewegten Uhren langsamer und und auf der Tagseite schneller. Das gleiche gilt für Satelliten. Die sich beim Kreisen um die Erde in Bewegungsrichtung schneller bewegenden Uhren müssen langsamer und in entgegengesetzter Richtung schneller gehen.

Wie bei dem Balken, der am Äquator gedreht wird, hat das aber keinen Effekt auf das Eintreffen der Zeitsignale. Deshalb kann dieser Effekt auch innerhalb der Satellitennavigation nicht festgestellt werden. Um diesen Effekt festzustellen, müsste man tatsächlich einen Ring der Erdbahn entsprechend konstruieren und in diesem die Uhren widerspruchsfrei räumlich synchronisieren. Das würde dem Prinzip der UTC entsprechen, nur eben für die Erdbahn um die Sonne. Zu dieser räumlichen Gleichzeitigkeitsebene würden die Uhren auf der Erde auch nachts langsamer und tags schneller gehen. So wie eine ostwärts bewegte Uhr langsamer und eine westwärts bewegte Uhr schneller geht.

Die reale Durchführung des Michelson-Morley-Experiments MME geschieht während es auf der Erde mitrotiert, kreisend um die Sonne und mit der Sonne um das Milchstraßenzentrum. Es bewegt sich nicht in einem Inertialsystem. Da es bei der Rotation für alle Beobachter zu einer tatsächlichen Verlangsamung der Uhren kommt und die Lichtgeschwindigkeit auf der Erdoberfläche tatsächlich nicht in beiden Richtungen gleich schnell gemessen wird, muss es auch zu einer tatsächlichen Längenkontraktion[25] kommen, sonst würde das MME nicht negativ ausfallen.

Trotz all dieser Tatsächlichen Effekte muss das MME negativ ausfallen, wenn die relativen Verhältnisse den Lorentztransformationen entsprechen. Aus den Lorentztransformationen geht hervor, auch wenn wir das MME auf Gleise stellen und es in Ostrichtung zur Erdrotation beschleunigen, oder in Westrichtung verlangsamen hätte das keinen Effekt auf den Negativen Ausgang.

Wenn wir einen messbaren Effekt erzielen wollen, dann müssen wir das MME auf ein Einweg-Experiment reduzieren und an die Enden der Arme jeweils gleich konstant arbeitende Laser oder Uhren stellen. Bei der Präzision heutiger Atomuhren durchaus möglich. Dann entspräche ein Uhrenpaar W und O in West-Ost Richtung dem einen Arm des MME und ein anderes Uhrenpaar N und S in Nord-Süd Richtung dem anderen Arm. Wie schon oben beschrieben, hat das Drehen eines solchen Versuchs keinen Effekt. Wenn wir diesen Versuch aber z.B. in Ostrichtung beschleunigen, treffen die Zeitsignale bei der Uhr O immer später und bei der Uhr W immer früher ein. Eine Beschleunigung in umgekehrter Richtung hat genau den umgekehrten Effekt. Deshalb lässt sich daraus auch nicht erkennen ob das Uhrenpaar nach dem Beschleunigen schneller oder langsamer kreist.

Bei dem zur Beschleunigungsrichtung quer liegenden Uhrenpaar N und S kommt es bei der Beschleunigung zu keinem Effekt.

Lassen wir mehrere Uhrenpaare W und O mit unterschiedlicher Geschwindigkeit aneinander vorbei kreisen. Die jeweils auf einem Ring befindlichen Uhrenpaare sollen jeweils nach Einsteins Gleichzeitigkeitsdefinition räumlich miteinander synchronisiert sein. Dann entsprechen die bei der Passage bei gegenseitiger Beobachtung erzielten Messergebnisse auch bei der Rotation exakt den Vorhersagen der Speziellen Relativitätstheorie.

Auch das Zwillingsparadoxon löst sich ganz logisch. Aus der räumlichen Synchronisation der Uhrenpaare nach Einsteins Gleichzeitigkeitsdefinition heraus wird jede daran vorbei bewegte Uhr als den LT entsprechend langsamer gehend gemessen. Kehrt ein solches Uhrenpaar unter Energieaufwand wieder um, dann muss es wie oben beschrieben z.B, die vordere Uhr um den Wert x zurückstellen, damit die Lichtgeschwindigkeit wieder in beiden Richtungen gleich groß gemessen wird. Aus der räumlichen Synchronisation nach Einsteins Gleichzeitigkeitsdefinition

---

25 [11] S.251: *„Es ist aber schon klar, daß nicht nur der Uhrengang durch die Beschleunigung bzw. durch ein Gravitationsfeld beeinflußt wird, sondern auch die Längenmessung."*

heraus wird dann auch eine westwärts an ihnen vorbeiziehende Uhr als langsamer gehend gemessen, obwohl sie tatsächlich schneller geht.

5.5 Die Zeit - und was haben Uhren damit zu tun?

Wir nehmen als Basis Lichtuhren und die ein gleiches Verhalten zeigenden Atomuhren. Abhängig von ihrer Lage zum Gravitationsfeld gehen sie dann unterschiedlich schnell. Die von ihnen gemessene Sekunde ist auf dem Berg kürzer als im Tal. Sie gehen damit auf dem Berg schneller als im Tal.

Pendeluhren haben ein umgekehrtes Verhalten. Sie sind auf dem Berg langsamer als im Tal. Ihr Taktgeber beruht auf einer anderen physikalischen Basis. Jahrhunderte konnte man von Pendeluhren die Zeit ablesen. Atomuhren sind genauer, aber haben sie mehr mit der Zeit zu tun als Pendeluhren?

Ein kleiner Ausflug auf ein anderes Gebiet, um die Frage zu verdeutlichen. Ich möchte die Masse eines Körpers bestimmen. Dazu messe ich den Körper mit einer Balkenwaage und mit einer Federwaage. Das mache ich auch noch einmal auf dem Mond und erhalte mit der Federwaage unterschiedliche Messergebnisse. Jetzt frage ich auch hier: Was haben die Messinstrumente mit der Masse zu tun?

Ich möchte nicht zu tief in diesen Ausflug einsteigen. Letztendlich werden unterschiedliche Messprinzipien (Hebelwirkung zu Materialdehnung) durch Umgebungsveränderungen unterschiedlich beeinflusst.

Ich hoffe, dass der willige Leser mir weiter folgen wird. Ich denke das gleiche gilt für jedes Zeitmessinstrument. Pendeluhren zeigen genauso die Zeit an, wie Lichtuhren.

Bei dem Messen der Massen mit der Balkenwaage wird die Masse sozusagen mit sich selbst gemessen. Mit Lichtuhren wird die Lichtbewegung mit sich selbst gemessen. Dadurch messen Lichtuhren die Zeit automatisch so, wie sie in der Geometrie der Lorentztransformationen gegeben ist, ohne dass sie verstellt werden müssen.

Lichtuhren zeigen die Zeit der Speziellen Relativitätstheorie an. Atomuhren haben ein gleiches Verhalten. Pendeluhren zeigen nicht automatisch die Zeit der SRT oder ART an. Bei ihnen muss die Taktrate mit der Anzeige einer Sekunde neu synchronisiert werden. Durch die Mechanische Kopplung ist es bei Pendeluhren einfacher die Pendelgeschwindigkeit zu verändern. Bei Atomuhren wird mit Korrekturwerten die Anzahl der Cäsium-133 Schwingungen für eine Sekunde angepasst. Damit zeigt sie dann natürlich nicht mehr die definierte Sekunde als Sekunde an.

Aber auch Pendeluhren hängen vom Gravitationsfeld ab und gehen zu ungenau, um das zu messen, was ich beabsichtige. Es müsste ein physikalisch regelmäßiges Phänomen geben, mit einer ähnlichen Frequenz und Präzision wie Atomuhren, das aber unabhängig ist vom Gravitationsfeld. Welche Möglichkeiten ich mir vorstelle beschreibe ich im nachfolgenden Kapitel. Auch diese Uhren würden die Zeit im Sinne Einsteins anzeigen. Er sagte: „Die Zeit ist etwas, was man von einer Uhr ablesen kann." Es ist aber nicht die Zeit der Speziellen oder Allgemeinen Relativitätstheorie.

Vielleicht hat man schon ein solches Phänomen entdeckt, aber wieder verworfen, weil man damit vermeintlich keinen konstanten Gang der Uhren zustande bekommt. Solche Uhren wollen wir K-Uhren nennen.

Welche Zeitwerte würde eine solche Uhr anzeigen? Die mit solchen Uhren erzielbaren Messwerte sind recht kompliziert, da sich die Erde nicht nur dreht, sondern auch um die Sonne kreist und diese auch noch um das Zentrum der Galaxie, welches sich auch noch bewegt. Darum möchte ich zunächst die Effekte weglassen, die sich nach den Lorentztransformationen aus der Erdbewegung um die Sonne ergeben und auch die gravitativen Effekte der Erde. Lassen wir einen **Ring in einem Void kreisen** mit einer dem Äquator entsprechenden Geschwindigkeit und Größe und wir nehmen an er würde sich hier nicht zum Gravitationsfeld seitwärts bewegen.

Stellen wir auf diesem Ring zunächst 3 K-Uhren und 3 Atomuhren nebeneinander und synchronisieren sie miteinander. Die Atomuhren sollen die definierte Sekunde anzeigen und die K Uhren werden entsprechend eingestellt. Die Atomuhr A(s) bleibt zusammen mit der K-Uhr K(s) stehen. Die Atomuhr A(w) wird zusammen mit der K-Uhr K(w) langsam entlang des Rings in Westrichtung bewegt und die Atomuhr A(o) zusammen mit der K-Uhr K(o) in Ostrichtung. Wir gehen davon aus, dass die Uhren langsam transportiert werden, so das der Effekt der Zeitdilatation für die Atomuhren innerhalb des rotierenden Rings nur eine untergeordnete Rolle Spielt.

Treffen die Uhren wieder zusammen, dann zeigen die Uhren A(s), K(s), K(w) und K(o) die gleiche Zeit an. Die Uhr A(w) geht um den Betrag m vor und die Uhr A(o) geht um den Betrag m nach. Der Betrag m ist nur abhängig von dem Umfang des Rings und der Tangentialgeschwindigkeit mit der der Ring kreist. Er entspricht dem Sagnac-Effekt.

5.6 Entwicklung der Formel zur Berechnung von m und n:

Um deutlich zu machen welcher Wert von wem gemessen wird, werden die vom nicht Kreisenden Ring mit $_R$ ergänzt und die vom kreisenden Ring mit $_K$ ergänzt.

Der Zeittakt der Atomuhren sollen der definierten Sekunde entsprechen.

Die Längen werden mit Atomuhren in Lichtsekunden Ls gemessen. Das hat den Vorteil, dass sich der Messwert für eine Entfernung und die Zeit, die ein Lichtsignal braucht um diese Entfernung zurückzulegen, nur in der Einheit Sekunden und Lichtsekunden unterscheidet, der Betrag ist aber der selbe. Messen wir das nur mit einer Uhr ist es einfach und für alle Beobachter ein eindeutiger Wert der der halben Zeit für Hin- plus Rückweg entspricht. Messen wir nur den einfachen Weg mit zwei Uhren, ist der Wert aber abhängig von der räumlichen Synchronisation der Uhren, die nicht für alle Beobachter gleich sein muss.

Für den Hinweg eines Zeitsignals, der der Bewegungsrichtung vom kreisenden Ring entsprechen soll, wird der Weg relativ zum ruhenden Ring mit A und relativ zum kreisenden Ring mit a bezeichnet. Für die entgegengesetzte Richtung entsprechend mit B und b.

Der Umfang des ruhenden Rings wird mit U und der Umfang des bewegten Rings mit u bezeichnet.

$$U_R = (A_R + B_R) / 2$$

Da im ruhenden Ring die Blitzanteile den Beobachter aus beiden Richtungen wieder gleichzeitig erreichen ist hier:

$$U_R = A_R = B_R$$

Da vom ruhenden Ring aus der Bewegte Ring die gleichen Raummaße haben soll:

$$U_R = u_R$$

Da es im bewegten Ring zur Längenkontraktion kommt, ist:

$$u_K = U_R / \text{Wurzel}(1 - v^2 / c^2).$$

Die Tangentialgeschwindigkeit mit der sich der kreisende Ring bewegt ist v und wird in c angegeben. Den Lorentztransformationen entsprechend messen zwei zueinander bewegte Beobachter die Geschwindigkeit des anderen jeweils gleich groß. Also braucht v nicht unterschieden zu werden.

Die Zeit a_R bis der Blitz den auf dem Ring mitbewegten Beobachter in Bewegungsrichtung erreicht, kann so errechnet werden:

$$v * a_R + U_R = y \quad \text{und} \quad c * a_R = y \qquad \text{Also}$$

$$U_R = c * a_R - v * a_R = (c - v) * a_R \qquad \text{Damit}$$

123

$$a_R = U_R / (c - v) \tag{1}$$

Für die entgegengesetzte Richtung gilt:

$$U_R = c * b_R + v * b_R = (c + v) * b_R \qquad \text{Damit}$$

$$b_R = U_R / (c + v) \tag{2}$$

Die vom ruhenden Ring aus gemessene Zeitdifferenz m_R für das Eintreffen der Blitzanteile beim kreisenden Beobachter ist:

$$m_R = (a_R - b_R) \tag{3}$$

Unter Berücksichtigung der Zeitdilatation beträgt die vom kreisenden Ring gemessene Zeitdifferenz:

$$m_K = m_R * \text{Wurzel}(1 - v^2/c^2) \tag{4}$$

Das betrifft den vollständigen Ring. Um uns der Länge des Balkens, der gedreht werden soll, zu nähern, berücksichtigen wir zunächst die Längenkontraktion. Der bewegte Ring verkürzt sich, so dass eine Lücke entsteht. Vom ruhenden Ring aus gemessen beträgt die Länge dieses Teils, mit bR bezeichnet, nur noch:

$$bR_R = U_R * \text{Wurzel}(1 - v^2/c^2) \tag{5}$$

Durch die entstehende Lücke können die Zeitsignale nicht mehr zum Bewegten Beobachter zurückkehren. Bisher haben wir den Ring in beiden Richtungen genutzt., also eine doppelte Ringlänge. Jetzt teilen wir den Ring genau gegenüber von dem den Blitz aussendenden Beobachter. Deshalb müssen wir die Zeiten für die Lichtausbreitung halbieren (* 0,5) und damit auch das Ergebnis m_R. Vom Prinzip her ändert sich sonst nichts.

Für die Werte dieses Teilabschnitts, n_R und bR_R, und die Werte des ganzen Rings, m_R und U_R, besteht das Verhältnis:

$$n_R / (m_R * 0{,}5) = bR_R / U_R \quad | \text{ersetzen wir darin } bR_R \text{ Formel (5)}$$

$$n_R / (m_R * 0{,}5) = U_R * \text{Wurzel}(1 - v^2/c^2) / U_R$$
$$| \text{kürzen wir } U_R \text{ und multiplizieren mit } (m_R * 0{,}5)$$

$$n_R = (m_R * 0{,}5) * \text{Wurzel}(1 - v^2/c^2) \tag{6}$$

Berücksichtigen wir die Zeitdilatation, dann entspricht die im bewegten Ringabschnitt gemessene Zeitdifferenz n_K :

$$n_K = n_R * \text{Wurzel}(1 - v^2/c^2) \quad | \text{ersetzen wir } n_R \text{ aus Formel (6)}$$

$n_K = m_R * 0,5 *$ Wurzel$(1 - v^2/c^2) *$ Wurzel$(1 - v^2/c^2)$

$\qquad\qquad\qquad$ | ersetzen wir m_R aus Formel (3)

$n_K = (a_R - b_R) * 0,5 * (1 - v^2/c^2)$ | ersetzen wir a_R und b_R Formel (1+2)

$n_K = (U_R / (c - v) - U_R / (c + v)) * 0,5 * (1 - v^2/c^2)$

Aus den Lorentztransformationen geht hervor, dass sich ein Körper auch nach einer Beschleunigung weiterhin mit der gleichen Länge misst. Das entspricht auch dem Relativitätsprinzip der SRT. Damit ist die Länge des beschleunigten Ringabschnitts bR_K vom kreisenden Ring aus gemessen: $bR_K = U_R$.

In die Formel eingesetzt:

$$n_K = (bR_K / (c - v) - bR_K / (c + v)) * 0,5 * (1 - v^2/c^2) \qquad (7)$$

Diese Werte werde alle nur noch vom kreisenden Ring aus gemessen. Die Länge des Balkens bR_K kann hier einfach bestimmt werden und entspricht der Hälfte der Zeit die ein Lichtsignal für Hinweg plus Rückweg braucht in Lichtsekunden. Der Abschnitt kann also beliebig gekürzt werden auf die gewünschte Länge eines Balkens.

5.7 Messung der Bewegung zum Gravitationsfeld

Entwickeln wir zunächst eindeutige Ereignisse aus Sicht des ruhenden Rings und sehen wie beim Drehen des Balkens auf dem kreisenden Ring die Ereignisse widerspruchsfrei aufgehen.

Jetzt setzen wir die Uhren **A(w)** und **K(w)** zusammen auf das westliche Ende eines Balkens und die Uhren **A(o)** und **K(o)** auf das östliche Ende. An diesen Orten sollen jeweils die Uhren **A(sw)** und **A(so)** auf dem Ring montiert sein und dort zurückbleiben, wenn der Balken gedreht wird.

Die Uhren **A(w)** und **K(w)** befinden sich bei **A(sw)** am selben Ort und zeigen deshalb auch die gleiche Zeit an und ihre jeweiligen Zeitsignale 1 breiten sich mit einer einheitlichen Front aus. Für die sich im Bereich des anderen Balkenendes befindenden Uhren **A(so)**, **A(o)** und **K(o)** gilt entsprechendes.

Die Uhren sollen räumlich der UTC entsprechend synchronisiert werden. Der Abstand zwischen W und O soll mit ihren Uhren gemessen a Lichtsekunden betragen.

Die von einer Uhr angezeigte Zeit soll z.B. für die Uhr **A(sw)** zur Zeit 1 als **A(sw)**[1] dargestellt werden. Das zu dem Zeitpunkt ausgesendete Zeitsignal als a(sw)[1]. Die mit ihnen zusammen ausgesendeten Zeitsignale der an ihrem Ort befindlichen Uhren werden durch ein + angefügt.

Also z.B.   a(sw)[1] + a(w)[1] + k(w)[1]. Das von den am westlichen Ende liegenden Uhren zur UTC Zeit 1 ausgesendete Signal.

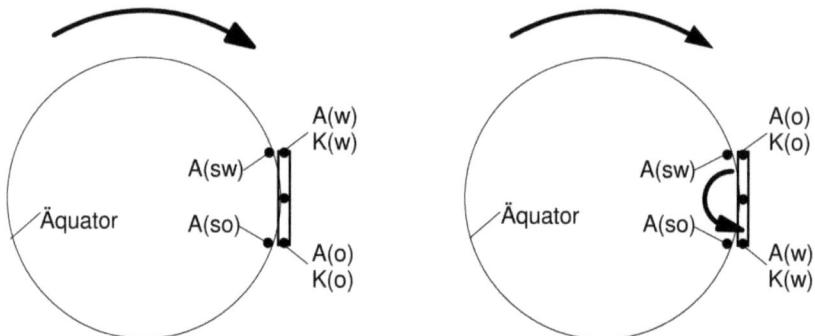

Abbildung 13a und b: Ein Wagen oder Balken steht am Äquator in Ost-Westrichtung und wird um seine Mitte gedreht. Der Äquator wird vom Südpol aus betrachtet. **A(sw)** und **A(so)** sind die Licht-/Atomuhren die am westlichen oder östlichen Ende des Balkens auf der Erde aufgestellt werden und dort bleiben. **A(w)** und **A(o)** sind die Licht-/Atomuhren die mit dem Balken gedreht werden. **K(w)** und **K(o)** sollen nicht unter dem Einfluss des Gravitationsfeldes stehende Uhren sein, die mit dem Balken mitgedreht werden.

Die Zeitsignale sollen am anderen Ende reflektiert werden und mit den Zeitsignalen der sich dort befindenden Uhren zurückgeschickt werden. Die Zeiten der dortigen Uhren werden ebenfalls mit + in einer neuen Zeile angefügt.

Senden die Uhren **A(so)** und **A(sw)** ihr Zeitsignal 1 aus, dann trifft das von der Uhr **A(so)** in westliche Richtung gesendete Zeitsignal 1 bei bei der Uhr **A(sw)** um 1 + a - n Sekunden ein. Das in östlicher Richtung gesendete Zeitsignal der Uhr **A(sw)** bei der Uhr **A(so)** um 1 + a + n Sekunden. Die Werte für a und n werden jeweils in der Eigenzeit einer Uhr gemessen. Das eindeutige Ereignis am westlichen Ende des Balkens sieht beim Eintreffen des Zeitsignal 1 so aus:

```
A(sw)[1+a-n] + A(w)[1+a-n] + K(w)[1+a-n]
   a(so)[1]   +   a(o)[1]   +   k(o)[1]
```

Wie die Abfolge der eindeutigen Ereignisse aussieht ist in der nachfolgenden Aufstellung dargestellt. Die von den Uhren angezeigten Uhrzeitwerte und die Bewegungen der Zeit-Lichtsignale werden aus der Sicht des nicht rotierenden Rings berechnet.

Beginnen wir mit der UTC Zeit [1]:

A(sw)[1] + A(w)[1] + K(w)[1]

A(so)[1] + A(o)[1] + K(o)[1]

Eintreffen der Zeitsignale am westlichen Ende zur UTC Zeit [1+a-n]:

A(sw)[1+a-n] + A(w)[1+a-n] + K(w)[1+a-n]
a(so)[1] + a(o)[1] + k(o)[1]

Eintreffen der Zeitsignale am östlichen Ende zur UTC Zeit [1+a+n]:

A(so)[1+a+n] + A(o)[1+a+n] + K(o)[1+a+n]
a(sw)[1] + a(w)[1] + k(w)[1]

Eintreffen der Reflektierten Zeitsignale zur UTC Zeit [1+2a]:

A(sw)[1+2a] + A(w)[1+2a] + K(w)[1+2a]
a(so)[1+a+n] + a(o)[1+a+n] + k(o)[1+a+n]
a(sw)[1] + a(w)[1] + k(w)[1]

A(so)[1+2a] + A(o)[1+2a] + K(o)[1+2a]
a(sw)[1+a-n] + a(w)[1+a-n] + k(w)[1+a-n]
a(so)[1] + a(o)[1] + k(o)[1]

Von alle Uhren aus gemessen braucht das Zeitsignal a(o)[1] (im Verlauf in Rot markiert) nach Westen (a − n) Sekunden und das Zeitsignal a(w) [1] (im Verlauf grün markiert) nach Osten (a + n) Sekunden. Entsprechend umgekehrt die Zeiten für den Rückweg. Drehen wir jetzt den Balken um. Dann sind die Uhren **K(w)** und **K(o)** weiterhin synchron mit den die UTC repräsentierenden Uhren **A(sw)** und **A(so)**. Die Uhr **A(w)** geht gegenüber der UTC aber um n Sekunden nach, da sie auf dem Weg nach Osten langsamer gegangen ist und die Uhr **A(o)** gegenüber der UTC um n Sekunden vor, da sie auf dem Weg nach Westen schneller gegangen ist. Das Umdrehen soll d Sekunden dauern.

Dann sieht die Situation zur UTC Zeit [1+d] so aus:

A(sw)[1+d] + A(o)[1+d+n] + K(o)[1+d]

A(so)[1+d] + A(w)[1+d-n] + K(w)[1+d]

Lassen wir bei allen Uhren die Zeit d für das Umdrehen heraus.

Aussenden des Zeitsignals a(o)[1] zur UTC Zeit [1-n]:

A(sw)[1-n] + A(o)[1] + K(o)[1-n]

A(so)[1-n] + A(w)[1-2n] + K(w)[1-n]

Aussenden des Zeitsignals a(w)[1] zur UTC Zeit [1+n] so:

A(sw)[1+n] + A(o)[1+2n] + K(o)[1+n]

A(so)[1+n] + A(w)[1] + K(w)[1+n]

Eintreffen des Zeitsignals a(w)[1] am westlichen und a(o)[1] am östlichen Ende zur UTC Zeit [1+a]:

A(sw)[1+a] + A(o)[1+a+n] + K(o)[1+a]
a(so)[1+n] + a(w)[1] + k(w)[1+n]

A(so)[1+a] + A(w)[1+a-n] + K(w)[1+a]
a(sw)[1-n] + a(o)[1] + k(o)[1-n]

Eintreffen des Reflektierten Zeitsignals a(o)[1] zur UTC Zeit [1+2a-n]:

A(sw)[1+2a-n] + A(o)[1+2a] + K(o)[1+2a-n]
a(so)[1+a] + a(w)[1+a-n] + k(w)[1+a]
a(sw)[1-n] + a(o)[1] + k(o)[1-n]

A(so)[1+2a-n] + A(w)[1+2a-2n] + K(w)[1+2a-n]

Eintreffen des Reflektierten Zeitsignals a(w)[1] zur UTC Zeit [1+2a+n]:

A(sw)[1+2a+n]+A(o)[1+2a+2n]+K(o)[1+2a+n]

A(so)[1+2a+n] + A(w)[1+2a] + K(w)[1+2a+n]
a(sw)[1+a] + a(o)[1+a+n] + k(o)[1+a]
a(so)[1+n] + a(w)[1] + k(w)[1+n]

Betrachten wir nur das Uhrenpaar A(w) und A(o). Vor dem Umdrehen trifft das Zeitsignal [1] der Uhr A(o), also a(o)[1], schon zum Ereignis A(w)[1+a-n] bei A(w) ein und nicht erst zur halben Zeit von 2a, was A(w)[1+a] entsprechen würde. Das Zeitsignal [1] der Uhr A(w), also a(w)[1], trifft erst zum Ereignis A(o)[1+a+n] bei der Uhr A(o) ein und nicht schon zum Ereignis A(o)[1+n].

Durch die räumliche Synchronisation der Uhren A(w) und A(o) entsprechend der UTC, wird eine längere Zeit für das Signal von A(w) nach A(o) als umgekehrt gemessen.

Durch das Umdrehen ändert sich nichts daran. Weiterhin trifft das Zeitsignal a(o)[1] bei A(w)[1+a-n] ein und das Zeitsignal a(w)[1] bei A(o)[1+a+n]. Die Zeitsignale treffen bei den Uhren unverändert ein. Die Uhren messen jetzt für die Westrichtung eine längere Zeit als für die Ostrichtung, was kausal aber falsch ist. Es kommt nur durch die jetzt nicht mehr mit der UTC synchrone Einstellung der Uhren A(w) und A(o) zustande. Würden zwei Laser (Laser zeigen ein den Lichtuhren entsprechendes Verhalten) ihre Strahlen sich gegenseitig zusenden, käme es während des Umdrehens zu keiner Verschiebung des Interferenzmusters.

Um die Uhren A(w) und A(o) nach Einsteins Gleichzeitigkeitsdefinition miteinander räumlich zu synchronisieren, so dass von ihnen die von den Zeitsignalen gebrauchte Zeit für beide Richtungen gleich groß gemessen wird, können wir z.B. die Uhr A(o) um den Betrag n zurückstellen.

Startereignisse zur UTC Zeit [1], bei der auch A(w) das Zeitsignal a(w)[1] aussendet:

| A(sw)[1] + A(w)[1] + K(w)[1] | | A(so)[1] + A(o)[1-n] + K(o)[1] |

Zum Zeitpunkt wo A(o) sein Zeitsignal a(o)[1] aussendet, also zur UTC Zeit [1+n] so:

| A(sw)[1+n] + A(w)[1+n] + K(w)[1+n] | | A(so)[1+n] + A(o)[1] + K(o)[1+n] |

Eintreffen des a(o)[1] Zeitsignals am westlichen Ende zur UTC Zeit [1+a]:

```
A(sw)[1+a] + A(w)[1+a] + K(w)[1+a]
a(so)[1+n] +   a(o)[1]  + k(o)[1+n]
```

Eintreffen des Zeitsignals a(w)[1] am östlichen Ende zur UTC Zeit [1+a+n]:

```
A(so)[1+a+n] + A(o)[1+a] + K(o)[1+a+n]
a(sw)[1]     +  a(w)[1]  +   k(w)[1]
```

Eintreffen der Reflektierten Zeitsignals a(w)[1] zur UTC Zeit [1+2a]:

```
A(sw)[1+2a] + A(w)[1+2a] + K(w)[1+2a]
a(so)[1+a+n] +  a(o)[1+a]  + k(o)[1+a+n]
a(sw)[1]    +   a(w)[1]   +   k(w)[1]
```

```
A(so)[1+2a] + A(o)[1+2a-n] + K(o)[1+2a]
a(sw)[1+a-n]+ a(w)[1+a-n] + k(w)[1+a-n]
a(so)[1]    +   a(o)[1-n]  +   k(o)[1]
```

Eintreffen des reflektierten Zeitsignals a(o)[1] zur UTC Zeit [1+2a+n]

```
A(sw)[1+2a+n]+A(w)[1+2a+n]+K(w)[1+2a+n]
a(so)[1+a+2n] + a(o)[1+a+n] + k(o)[1+a+2n]
a(sw)[1+n]   +  a(w)[1+n]  +   k(w)[1+n]
```

```
A(so)[1+2a+n]+A(o)[1+2a]+K(o)[1+2a+n]
a(sw)[1+a]   +  a(w)[1+a] + k(w)[1+a]
a(so)[1+n]   +   a(o)[1]  + k(o)[1+n]
```

Betrachten wir wieder nur die Uhren A(w) und A(o). Bei dieser räumlichen Synchronisation der Uhren messen sie für die Dauer, die die Zeitsignale sowohl in Ost- als auch in Westrichtung brauchen, eine gleichlange Zeit, nämlich die Hälfte von 2a, also a.

Drehen wir jetzt den Balken um, was d Sekunden dauern soll.

Situation zur UTC Zeit [1+d]:

| A(sw)[1+d] + A(o)[1+d] + K(o)[1+d] | | A(so)[1+d] + A(w)[1+d-n] + K(w+d)[1] |

Die Uhr A(o) ist auf dem Weg nach Westen um n Sekunden schneller gegangen. Damit ist sie wieder synchron mit der UTC, nachdem sie vorher gegenüber der UTC um n Sekunden nach gegangen ist. Die Uhr A(w) ist auf dem Weg nach Osten um n Sekunden langsamer gegangen und geht damit zur UTC jetzt um n Sekunden nach. Von dieser Situation ausgehend sieht die Abfolge genauso aus wie im vorhergehenden Beispiel, nur mit vertauschten Rollen von A(w) und A(o). Und auch hier ändert sich das Eintreffen der Zeitsignale nicht durch das Umdrehen.

Für alle Beobachter brauchen die Signale für Hin- und Rückweg gemeinsam 2a Sekunden. Aus der räumlichen Synchronisation der Uhren A(w) und A(o) nach Einsteins Gleichzeitigkeitsdefinition wird für Hin- und Rückweg die gleiche Zeit gemessen, was sich durch das Umdrehen des Balkens nicht ändert. Bei der Rotation ist diese räumliche Gleichzeitigkeit aber nicht mit den sich am Himmel wiederholenden Beobachtungen, den über den restlichen Ring versendeten Zeitsignalen oder dem Uhrentransport über den restlichen Ring vereinbar.

Damit kann man bei Rotationsvorgängen durch eindeutige Messergebnisse die räumliche Synchronisation nach Einsteins Gleichzeitigkeitsdefinition kausal als falsch widerlegen.

Hätte man die Möglichkeit eine Information mit einer höheren als der Lichtgeschwindigkeit weiter zu geben, dann könnte man die räumliche Gleichzeitigkeit stärker einengen als mit Lichtsignalen. Damit wäre auch bei der geradlinigen Bewegung Einsteins Gleichzeitigkeitsdefinition kausal als falsch zu widerlegen. Hier im Ringsystem würde es aber nur die räumliche Synchronisation entsprechend der UTC bestätigen. (Soweit es sich um einen Ring handelt, der sich zum Gravitationsfeld nicht seitwärts bewegt.)

Hält man die Postulate der Speziellen Relativitätstheorie für tatsächlich so in dem uns umgebenden Universum als gegeben, dann kann es keine höhere als die Lichtgeschwindigkeit geben. Selbstverständlich kann es dann auch keinen WARP Antrieb oder Wurmlöcher geben. Zumindest keine Wurmlöcher die in unser Universum zurückführen. Ob ich eine Information mit Überlichtgeschwindigkeit versende oder mit einem Raumschiff mit WARP Antrieb transportiere macht kausal keinen Unterschied.

Gehen wir aus von der Situation, bei der alle Uhren synchron sind in der UTC. Nach dem Umdrehen des Balkens geht die Uhr A(o) nicht nur um n_K Sekunden gegenüber der UTC vor, sondern auch gegenüber der Uhr K(o). Und die Uhr A(w) geht nicht nur gegenüber der UTC um n_K Sekunden nach, sondern auch gegenüber der Uhr K(w). Die Zeitdifferenz n_K, die sich zwischen K(w) und A(w) entwickelt ist nur abhängig von dem Weg, den sie in Ost-West Richtung zurücklegen und der Tangentialgeschwindigkeit mit der sich der Ring dreht.

Wie sehen die Ergebnisse aus, wenn dieser Ring jetzt auf einem größeren Ring C montiert wird, der der Erdbahn um die Sonne entspricht. Auch auf diesem Ring werden die Uhren der UTC entsprechend räumlich synchronisiert. Hier wollen wir die Zeit UTC_S nennen. Die Zeit der auf dem kleinen Ring B stationären Uhren UTC_E.

Logischerweise verhalten sich die Uhren auf dem Ring B wie im vorherigen Beispiel die Uhren auf dem Balken, den man hier nur ständig weiter dreht. Auch hier gehen die Uhren in der UTC_E bei Bewegung in Richtung der Erdbewegung gegenüber den Uhren der UTC_S langsamer und in entgegengesetzter Richtung schneller. Das hat aber genauso wie beim Balken keinen Einfluss auf das Eintreffen der Zeitsignale innerhalb des Rings B, soweit Aussende- und Empfangszeitpunkt mit Licht- oder Atomuhren gemessen werden.

Da sich die K-Uhren aber nicht den Lorentztransformationen entsprechend verhalten, entsteht zwischen den Atomuhren und den neben ihnen stehenden K-Uhren eine Zeitdifferenz mit einer sinusförmigen Veränderung. Dafür zeigen sie ein dem Balkenbeispiel entsprechendes Verhalten, also keine Veränderung zu den Uhren der UTC$_S$.

Die Erdbahn kreist auch mit der Sonne um das Zentrum der Milchstraße. Wird unser Beispiel um einen entsprechenden Effekt erweitert, dann kommt es zu einer sinusförmig schwankenden Zeitdifferenz zwischen den K-Uhren und der UTC$_S$. Diese würde die Kurve der Zeitdifferenz zwischen der UTC$_E$ und den K-Uhren noch überlagern. Wir hätten also frühestens erst nach einem Jahr eine vergleichbare Kurve für die Schwankung der Zeitdifferenz.

5.8 Kein Unterschied in mit Atomuhren erzielbaren Messwerten zwischen Rotation und Inertialsystemen?

Betrachten wir von einer Zylinderfläche (Zylinderdurchmesser das dreifache des Milchstraßendurchmessers) nur einen Ausschnitt mit der Kantenlänge von einer Astronomischen Einheit. In diesem Ausschnitt werden die Uhren nach Einsteins Gleichzeitigkeitsdefinition räumlich synchronisiert. Unter diesen Bedingungen bestehen für den Gang der Uhren und die Ausbreitung von Lichtsignalen die Verhältnisse wie in einem Inertialsystem. Lassen wir sich zwei oder mehrere Zylinderflächen aneinander vorbei bewegen und betrachten nur die Atomuhren und Zeit-Lichtsignale, dann entsprechen die Messergebnisse und Berechnungen exakt den Verhältnissen von Inertialsystemen. Wir könnten aber immer noch Signale entlang des Zylinders senden, auch wenn das einige Jahrmillionen dauern würde. Damit könnten wir Messungen erzeugen, die die räumliche Synchronisation der Uhren nach Einsteins Gleichzeitigkeitsdefinition kausal als falsch darstellen würden.

Erst wenn wir diese Fläche vom Zylinder lösen, haben wir tatsächlich eine geradlinige Bewegung, auch wenn diese sich von der anderen Bewegung kaum messbar unterscheidet. Damit ist auch die Zentrifugalkraft weg. Auch ist fraglich ob ein Zeitsignal, das wir in der einen Richtung durchs Universum schicken uns aus der anderen Richtung wieder erreichen würde. Wir können aber immer noch das Universum an uns vorbeiziehen sehen. Allerdings gibt es keine Beobachtungen am Himmel die sich wiederholen.

Wer mag mit mir den großen Schritt gehen und die absolute Konstanz der Lichtgeschwindigkeit in Frage stellen und annehmen sie wäre konstant zum Gravitationsfeld?

Wer mag auch noch annehmen, das Gravitationsfeld, gebildet aus den sich überlagernden Feldern der Masseteilchen, wäre ein in seiner Wirkung plastisch verformbares Feld? Dann könnten die Merkur-Anomalie und der Schiff-Effekt nicht nur Überlagerungen des Gravitationsfeldes sein, so wie Einstein es deutete, sondern plastische Veränderungen des Feldes. Das würde auch bedeuten, dass die Erde auf ihrem Weg um die Sonne das Gravitationsfeld gering verformt und mitnimmt, was die Fly-by-Anomalie bewirkt. Der Effekt könnte noch größer werden, wenn sich die lokal das Gravitationsfeld bestimmenden Massen in einer gemeinsamen Richtung bewegen. Das Gravitationsfeld bewirkt die Zentrifugalkraft. Wenn dieses aber bei rotierenden Galaxien etwas mitrotiert, sieht es von außen aus, als ob sich die Sterne zu schnell bewegen. Es ist aber für das herrschende Gravitationsfeld genau die richtige Geschwindigkeit, auch ohne dunkle Materie.

Ich würde das für die einfachere Lösung und damit nach Ockham's razor für die richtige halten.

Welcher Mathematiker mit Zugang zu den astronomischen Daten mag diese Lösung prüfen?

5.9 Grundlagen für die gesuchte Uhr.

Nach Einstein heißt es, gemäß des Relativitätsprinzips ist es unmöglich durch ein mechanisches Experiment festzustellen, ob wir uns in Ruhe oder in gleichförmiger Bewegung befinden.[26]

Wie ich schon in Kapitel 2.1 über den Raum geschrieben habe ist die Frage nach dem absoluten Raum, wie die Frage nach Gott. Der Mensch als eingebundenes Teil in dem uns umgebenden Universum kann diesen nicht messen. Der Mensch kann nur Vergleiche Anstellen und an diese Vergleiche sind meist Annahmen geknüpft.

Also können wir eine Ruhe immer nur zu etwas angeben, dass wir auch messen können. Z.B. können wir durch mechanische Experimente bestimmen, ob wir zu einem Schalltransportmedium ruhen. Damit hätten wir eine Ruhe bestimmt. Diese ist aber in der Relativitätstheorie nicht gemeint. Es geht um eine Ruhe zu dem was die Lichtgeschwindigkeit bestimmt.

---

26 [9] S.28; [21] S.16

Sollte es nichts geben, was diese Bestimmt, außer einem Prinzip, dann kann man das natürlich auch nicht messen. Aber in was bewegen sich Gravitationswellen. Sollte es doch so ein Feld geben, heißt es nicht gleich, dass wir die Bewegung dazu auch messen können. Nur weil wir noch kein Radio erfunden haben, heißt es ja auch nicht, dass es keine Radiowellen gibt.

Bei der Rotation können wir eindeutig feststellen, dass es etwas gibt, zu dem die Lichtgeschwindigkeit konstant ist und zu dem sich auch der Beobachter bewegen kann, deshalb ist hier auch die Lichtgeschwindigkeit nicht konstant zum Beobachter.

Zwei rotierende Kreise können sich aber auch noch geradlinig zueinander bewegen. Auch für diese Bewegung könnten wir einen viel größeren Ring konstruieren, aber es wäre keine prinzipielle Lösung für die geradlinige Bewegung.

Die hier im Buch dargestellten Argumente sollten aber die Bereitschaft wecken sich vorzustellen, dass auf das Gravitationsfeld das Bewegungsprinzip angewendet werden kann. Dann sollte auch die Bereitschaft bestehen nach einem Instrument zu suchen, mit dem diese Bewegung gemessen werden kann.

Wie ich schon im Kapitel 3.9 über Radiowellen geschrieben habe glaube ich, dass das elektromagnetische Feld nichts mit dem Gravitationsfeld zu tun hat. Die Ladung tragenden Teilchen wie Elektron und Proton sind zwar auch Masseteilchen, in dem Sinne sind die Felder schon miteinander verknüpft. Aber mit Radiowellen kann man keine neutralen Masseteilchen zum Schwingen bringen. Möglicherweise könnte man hiermit einen Taktgeber für eine Uhr finden, die auf dem Berg die gleiche Taktfrequenz hätte wie im Tal. Das würde dann natürlich zu Zeitdifferenzen zu einer Atomuhr im Tages und Jahresverlauf führen.

Aber auch wenn man diese Uhren direkt miteinander vergleicht, würden sie sinusförmig in ihrer Zeit zueinander schwanken. Das läge dann aber daran, dass aus ihrer Sicht die Zeitsignale für den einfachen Weg unterschiedliche Zeiten brauchen, abhängig von der Ausrichtung der Achse zwischen ihnen zur Bewegungsrichtung zum Gravitationsfeld und der Geschwindigkeit zum Gravitationsfeld.

Durch die Längenkontraktion ändert sich beim Drehen auch der Abstand zwischen diesen Uhren. Dadurch kommt es bei der Drehung zu keiner Änderung der Laufzeit eines Zeitsignals für Hin und Rückweg zusammen. Diese wird nur durch eine Veränderung der Geschwindigkeit zum Gravitationsfeld verändert. Weil es bei diesen Uhren zu keiner Zeitdilatation kommt, Messen sie aber eine Veränderung der Laufzeiten für den einfachen Weg.

Wie steht es mit der Radioaktivität? Das radioaktive Isotop Chlor-36 hat um den Jahreswechsel, wenn der Abstand zur Sonne am geringsten ist, die größte Zerfallsrate. Hier ist dann auch die Dichte der von der Sonne stammenden Neutrinos am größten. Hat das kausal etwas miteinander zu tun oder ist das, wie mit den Störchen und den Geburten Anfang des zwanzigsten Jahrhunderts, nur eine zufällig zusammen auftretender Effekt.

Zu dieser Zeit bewegt sich die Erde aber auch im Jahresverlauf am schnellsten zur Mikrowellenhintergrundstrahlung (CMB). Ich hatte zwar schon oben beschrieben, dass sich das Gravitationsfeld auch gegen den CMB bewegen kann, also die Geschwindigkeiten relativ zum Gravitationsfeld und dem CMB in Richtung und Größe nicht übereinstimmen müssen, aber im groben sollten sie doch übereinstimmen.

Wenn sich um den Jahreswechsel die Erde am schnellsten zum Gravitationsfeld bewegt, dann gehen hier die Atomuhren auch am langsamsten. Relativ zu den Uhren scheint dann die Radioaktivität zuzunehmen.

Das sollte dann auch alle radioaktiven Vorgänge in gleichem Maße betreffen, soweit sie vom Gravitationsfeld nicht beeinflusst werden. Hier könnten sich aber auch mehrere Effekte überlagern.

Einfacher Weg das zu überprüfen wäre einen Satelliten mit Atomuhr und entsprechender Radioaktiver Probe um die Erde kreisen zu lassen. Die Bahn sollte einen möglichst große, aber gleichbleibenden Abstand zur Erde haben und die Achse senkrecht auf die Sonne zeigen. Bei Neumond oder Vollmond wären dann auch die gravitativen Veränderungen auf der Bahn gering und der Neutrinoeinfluss gleichbleibend. Die Geschwindigkeit zum CMB und auch Gravitationsfeld sollte dann abhängig von der Jahreszeit und Richtung der Bahn wechseln. Der Satellit kann sich natürlich auch auf jeder anderen Bahn bewegen. Die Berechnung muss dann aber entsprechende Korrekturwerte enthalten. Was bei den Erfahrungen mit der Satellitennavigation aber kein Problem sein sollte.

Zur Veränderung der Radioaktivität gibt es sicherlich schon viele Daten. Anhand derer könnte man prüfen, ob sie diese These unterstützen oder eher für unwahrscheinlich erscheinen lassen. In jedem Fall denke ich wäre die Suche nach einer solchen Uhr nicht so kostspielig wie die Suche nach dunkler Materie.

Es gibt aber auch schon Beobachtungen bei der genauen Messung der Mikrowellenhintergrundstrahlung. Hier treten Anomalien auf wie die „Achse des Bösen" und anderen, die mit der Ekliptik korrelieren. Vielleicht lassen sich diese eliminieren, wenn man sie auf einen sinusförmigen Gang der Atomuhren und damit veränderliche Messwerte bezieht.

Da sich das Gravitationsfeld auch zur Mikrowellenhintergrundstrahlung bewegen kann, könnte so auch ein Hinweis gewonnen werden, ob sich das Gravitationsfeld bei der Rotation um das Zentrum der Milchstraße etwas mitbewegt, so dass sich das Sonnensystem doch nicht zu schnell um das Zentrum der Milchstraße bewegt.

Kommentar zu Plagiaten

Dieses Buch ist in einer unkonventionellen Weise geschrieben. Es soll auch mit den Konventionen brechen, da hierin zu oft auch das Abfahren schon vorgelegter Gleise besteht. Mit jeder Rahmenbedingung kann man Dinge außerhalb dieses Rahmens nicht mehr erkennen.

Meine Zitierweise ist sicher nicht ganz korrekt, aber inhaltlich wohl unmissverständlich nachvollziehbar. Ich hätte gern mehr Bezüge zu Stelle aus den Büchern die ich gelesen habe hergestellt. Ich finde aber in der Regel diese Stellen nicht mehr. Darum habe ich noch das Buch „ Relativitätstheorie für Dummies" hinzugefügt. Ich denke es wird von fachlich kompetenten Physikern nicht als Unfug abgetan. Deshalb sollten die hier erwähnten Bezüge auch allgemeingültig sein. Sie sind sinngemäß auch in den anderen Büchern zu finden.

Von mir gewollte Zitate sind auch so deutlich gemacht. Manche Texte könnten aber auch fast wörtlich aus anderen Büchern stammen. Das ist dann so von mir nicht bewusst als Zitat unterschlagen worden, ich kann mich nur nicht mehr daran erinnern, dass ich es so in den anderen Büchern gelesen habe.

Das Buch spielerisches Denken von E.de Bono habe ich etwa mit 13 Jahren gelesen. 40 Jahre später wollte ich daraus zitieren und habe dann doch sehr viel davon erneut gelesen. Ich war erschrocken, dass manche von mir als meine ureigensten Gedanken angesehenen Ideen hier schon geschrieben standen. Auch manche meiner Formulierungen stehen hier fast wortwörtlich genau so. Wenn also manche meiner Formulierungen schon an anderer Stelle so stehen sollten, spricht das nur für die Qualität, dass sie sich so bei mir eingeprägt haben. Wenn also jemand eine solche Stelle findet, wäre ich über einen Hinweis erfreut, dann kann ich das auch als überzeugende Formulierung hier als Zitat nachmelden. Meine Kernaussagen habe ich aber in anderen Büchern so noch nicht gelesen. Hier wäre ich mehr daran interessiert, dass sich fachkompetente Physiker oder Philosophen damit kritisch auseinandersetzen. Aber auch von jedem anderen wäre ich über eine Rückmeldung erfreut. Am einfachsten über buch@darmer.de

Literatur

[1] Internetseiten aus Wikipedia

[2] Springer, V.: *Die Entstehung der Galaxien*, Physik Journal 2 (2003) Nr.6 S. 31

[3] Bauer, M.: *Vermessung und Ortung mit Satelliten*, 2. Auflage Wichmann Verlag 1992

[4] Bergmann, Schaefer: Lehrbuch der Experimentalphysik, Band 1: *28.1 Die Axiome der speziellen Relativitätstheorie*, 11. Aufl. de Gruyter Verlag, 1998

[5] de Bono, E.: *Das spielerische Denken*, Scherz Verlag, 1967
      de Bono, E.: *In 15 Tagen Denken lernen*, Rowohlt Verlag 1967

[6] Born, W.: *Die Relativitätstheorie Einsteins*, Unveränderter Nachdruck 5. Auflage Springer-Verlag 1969

[7] Cremer, T.: *Interpretationsprobleme der speziellen Relativitätstheorie*, 2. Auflage 1990 Verlag Harri Deutsch

[8] Einstein, A.: *Zur Elektrodynamik bewegter Körper*, Annalen der Physik **17**, Seiten 891-921,1905

[9] Einstein, A.: *Grundzüge der Relativitätstheorie*, 5. Auflage Vieweg Verlag 1984

[10] Einstein, A.: *Über die spezielle und die allgemeine Relativitätstheorie*, 23. Auflage Vieweg Verlag, 1988

[11] Goenner, H.: *Spezielle Relativitätstheorie*, Elsevier GmbH, Spektrum Akademischer Verlag, 2004

[12] Hetznecker, H.: *Relativitätstheorie für Dummies* ePub 1. Auflage 2018 WILEY-VCH Verlag

[13] Hossenfelder, S.: *Das hässliche Universum*, E-BOOKS S.Fischer Verlag 2021

[14] Hoffmann, B.: *Einsteins Ideen Das Relativitätsprinzip und seine historischen Wurzeln*, 1997 Spektrum Akademischer Verlag

[15] Lämmerzahl, C.: *Detektivarbeit krönt Langzeitprojekt*, Physik Journal 10 (2011) Nr. 7 Seite 19

[16] Lämmerzahl, C.: *Einstein besser bestätigt*, Physik Journal 2 (2003) Nr.12 Seite 18

[17] Marder, L.: *Reisen durch die Raum-Zeit*, Vieweg Verlag, Nachdruck 1982

[18] Mücklich, Dr. A.: *Das verständliche Universum*, e-book Books on Demand GmbH, Norderstedt

[19] Neffe, J.: *Der Geistesmächtige* Der Spiegel Nr.50/1999 S. 271

[20] Rievers, B., Lämmerzahl, C.: *Pioneer-Anomalie entschlüsselt*, Annalen der Physik **523**, 439 (2011)

[21] Rindler, W.: *Relativitätstheorie Speziell, Allgemein und Kosmologisch*, Deutschausgabe 2016 WILEY-VCH Verlag

[22] Ruder, H. u. M.: *Die Spezielle Relativitätstheorie*, Vieweg Verlag, 1993

[23] Schröder, U. E.: *Spezielle Relativitätstheorie*, Verlag Harri Deutsch 1987

[24] Sexl, R., Schmidt, H.K.: *Raum – Zeit – Relativität*, 3. Auflage Vieweg Verlag, 1991

[25] Weigert, A., Wendker, H.J., Wisotzki, L.: *Astronomie und Astrophysik*, 5. Auflage Wiley-VCH, 2011